Trauer und Melancholie

Sigmund Freud

弗洛伊德论抑郁

[奥]西格蒙德·弗洛伊德 著

宋文里 译

浙江文艺出版社
Zhejiang Literature & Art Publishing House

果麦文化　出品

目 录

001　译者导读

015　第一篇
　　　十七世纪魔鬼学神经症 （海茨曼病案史)
　　　A Seventeenth-Century Demonological Neurosis (the Haizmann case)

063　第二篇
　　　哀悼与忧郁
　　　Mourning and Melancholia

085　第三篇
　　　论自恋：导论
　　　On Narcissism: An Introduction

123　第四篇
　　　超越享乐原则
　　　Beyond the Pleasure Principle

193　译名对照

译者导读

这本弗洛伊德著作精选集，在最早的编辑计划中，曾被定位为一本精神分析的"入门读物"，但更准确地说，这可能是一本"可以引导读者深入堂奥的作品"。

弗洛伊德自己为"入门"这个目的，先后写了好几种大小不同的作品，譬如《精神分析五讲》（1910）、《两篇百科全书条目》（1923）、《精神分析引论》（1916—1917）、《精神分析大纲》（1940）等，其中没有包含本书所选的四篇在内。我的想法是：如果不是为了浅尝辄止的意思，那么，这四篇作品，对于后弗洛伊德时代的精神分析发展，以其出版的先后而言，确实都别有一番深意。

《论自恋：导论》一文是美国分析师柯湖特（Kohut）"自体心理学"系列作品的主要轴线；

《哀悼与忧郁》一文是英国精神分析第二代"客体关系学派"得以发展的导火线；

《超越享乐原则》是弗洛伊德迈入晚期时具有起承转合意味的

集大成作品，曾被俄国心理学家维果茨基（Vygotsky）赞誉为精神分析和唯物辩证法的接合之作；

《十七世纪魔鬼学神经症》，则是要把精神分析拿来跟汉传的鬼神、巫术信仰相互贯通时，最不可忽略的作品，虽然弗洛伊德本人无此用意，但中文读者却可在此找到真正便于走进精神分析的"入门之钥"。

对于这四篇文选，编排顺序如下：

《十七世纪魔鬼学神经症》（1922，1923）

《哀悼与忧郁》（1915，1917）

《论自恋：导论》（1914）

《超越享乐原则》（1919，1920）

依此顺序，在我的心目中，是最能读出本书特色的方式，也是中文读者理解弗洛伊德学说的一种特殊方式，可概括为一套主题式想法（thematics），亦即选译本书时主要的编织轴线——"魔鬼学：从自恋、忧郁到死本能"。

其中的内在关联，就作品出版的年代来看，是逆时性的，也就是比较像一种倒叙法——《十七世纪魔鬼学神经症》是进入晚期时写的一个特殊案例，其病情包含了自恋和忧郁；但对于病因的解释就得在《论自恋：导论》和《哀悼与忧郁》两篇中期的作品中才能看得仔细。同时也看出弗洛伊德为何在临床病例的描述中必须发展出他的后设心理学（metapsychology）理论；《超越享乐原则》是他迈入晚期时的一次理论整合——这些理论后来会逐渐演变出我们比较常见的"本我（'它'）/自我/超我"的理论结构。这样的读法，等于把一篇晚期作品当作序论，然后用倒叙法来连接中期的两篇后设心理学作品，展开本书理论的启发式（heuristics），亦即把弗洛伊德的整套精神分析理论浓缩在自恋和忧郁这两个关键性的病理学课题中，最后以较长篇的《超越享乐原则》（死本能的发现）来当作理论的压轴。但如上所言，这还不是弗洛伊德著作的总结，而只是晚期思想的开始。

这样一本"精选集"虽然篇幅短小，但已展现了一些特别精致的内容，用来凸显弗洛伊德所处理的"神经症"（旧称"神经官能症"）问题，看看他如何开创他不寻常的洞见。也就是说，在神经症中，弗洛伊德发现：自恋症和忧郁症这两种形式正是神经症的核心问题所在，而精神分析也必须在此发展出一套前所未有的理解方式，以及使用特有的语言来进行阐述。所以说，这本选集不同于理论入门或概论，而是走向进阶理解的过门。

在展开此一问题的讨论时，弗洛伊德重要的创见，就是利用"力比多"（libido）的"后设理论语言"来呈现自我（ego）与对象（object）之间的关系。"力比多"在拉丁文中原是指一种"羡慕、欲望"的心态，弗洛伊德特别将它转换为一种结合着本能与精神的能量，它会以"投注"（cathexis）的动态与对象产生连结。而这种连结又可用三种不同的观点来加以理解：经济论的、动力论照（cross references）把每一篇作品（无论长短）从头到尾全部贯串起来，也用全集末卷做成各种精密的索引，让使用者很容易找到任何概念从最初的发生到后来的种种演变，也就是说，《全集标准版》所有的交叉参照，加上第二十四卷的索引，让弗洛伊德一生作品可以整套串联成"一大本"的方式展现，就读本的性质来说，它的读者友善性（reader friendly）就会高过德文《全集》。本书采用英文《全集标准版》来进行翻译，每一篇的每一页都保留着该篇在《全集标准版》各卷中的原始页码，就是为了要让读者容易回头翻查《全集标准版》。

在本书中，除了《十七世纪魔鬼学神经症》一文之外，其他三篇都已经有过一种以上的中文译本。对于一个精神分析的学术研究者而言，我自己在先前选译评注《重读弗洛伊德》[1]一书之时，主要的选材都是未曾出现过中文译本的弗洛伊德著作，其目的就在于拓展中文的弗洛伊德著作书目，期望有助于中文《弗洛伊德全集》的早日出现。[2] 但除此之外，关于翻译本身，在翻译和研究过程中，我还发现不少特别的问题，因此，做出新的译本就是要跟既有的译本做个比较。

1　译注：《重读弗洛伊德》，宋文里（选译、评注），台北：心灵工坊，2018年。本书已由东方出版社取得简体版权。

2　译注：到目前为止，中文界弗洛伊德著作搜罗得最广的，包括长春出版社的《弗洛伊德文集》（八卷），以及九州出版社的《弗洛伊德文集》（十二卷），但其分量和英文《全集标准版》相比，大约只占三分之一。

读者可看到本书中有一些"译注"，用来说明几个弗洛伊德常用的关键词译法问题。譬如出现在《论自恋：导论》一文中的这样两则注脚：

译注（4）："perversion"一词在本书中不采取"性变态""性倒错"的译法，而改用"性泛转"……

译注（49）：……关于id译作"伊底"而不用"本我"的译名问题，请参见译者导读中的说明。

还有在《哀悼与忧郁》一文中也有个注脚谈到：

译注（11）："对象关系"正是object-relationship的恰当翻译……

诸如此类，例子还很多。我在《重读弗洛伊德》一书中已作过详细的说明，即指出惯用的译名中有好几个不妥的译法，并提出理由来予以更正。由于那些误译是出自早期译者对于弗洛伊德理论的不解，甚至可以肯定是误解，而这样造成的误译相沿成习，对于读者会造成严重的误导，因此我在几十年的研究生涯中念念不忘，要把更正译名视为精神分析学术传承中的一件大事。

本书中需要做这种更正的译名，最主要的几个如下：潜意识（unconscious）、本我（id）、移情（transference）、性变态（sexual perversion）、性错乱（sexual inversion）、客体选择（object-choice）/

客体关系（object-relationship）。

　　以下为说明与阅读之便，制成一表，列出英文（德文）原文、中文误译、更正的译名，以及更正的理由。

英文（德文）	中文误译	更正的译名	更正的理由
Unconscious（Unbewusst）	潜意识	无意识	"潜意识"原应是subconscious的译名（又可译为"下意识"）。此译名与"前意识"（preconscious）的译名完全同音，容易引起理论讲述上的淆乱——譬如有位专家说："我们得对前意识与潜意识之间的互动应有更进一步的了解"[3]——这样的说法谁能听懂？——"[qián]意识"是指哪个意识？两个"应进一步了解"的术语，在发音上竟然完全相同，谁还能听懂什么是要"进一步了解"的？"Un-"在德文、英文中都是用作否定之意的字首，可译为"不"或"无"，没理由译为"潜"。

3　摘自樊雪梅《弗洛伊德也会说错话》，台北：心灵工坊文化，2013年。

Id（das Es）	本我	"它"；伊底	Id（德文 das Es），直译为英文应是"the It"，在人格结构或心灵装置中是指自我之外的我，但也是自我所不知、不及的他者。译为"本我"就会把这种意思完全颠倒，成为一个实体化的，"本来就在那里的自我"。此误译非常严重，同时也常跟荣格理论中的"本我"（Self）混用同一译名，相当淆乱。改译为"它"是一种还原；至于改译为"伊底"（"不知伊于胡底"）就是一种音义兼顾的翻译艺术了——最早使用"伊底"的翻译者是高觉敷，可参阅《精神分析引论》（商务印书馆，1933）。
Transference（Übertragung）	移情；转移	传移	这个重要的精神分析术语在中文里有好几种译法。其中译者最不建议使用的就是像"转移"这样漫不经心的译法。同时，还有一种常见的译法叫做"移情"，这也很值得商榷。因为 1930 年代，朱光潜的艺术心理学（美学）翻译

Transference（Übertragung）	移情；转移	传移	作品已经使用"移情"一词来作为"empathy"（Einfühlung）的译名（见朱光潜 [1936/1969]《文艺心理学》，台北：台湾开明书店）。为了尊重前辈，以及不要和美学文献的用语混淆，我们也不宜再用一模一样的"移情"一词来译"transference"。因此，多年来，我在讲授和写作精神分析理论时都不采用"移情"一词来翻译"transference"这个关键性的术语。另外，在《精神分析辞汇》（沈志中、王文基、陈传兴译）一书中是把此词译作"传会"，大概是依照法语的读音加上译者们特别的理解而作此译法，我们可以欣赏，但也不一定要照此使用。近来，包括沈志中在内的精神分析研究者，都开始使用另一个译名，叫"传移"。斟酌过后，我觉得这是迄今为止最中肯的译法，因此在本书中一律使用"传移"。至于"counter-transference"，那就顺理成章地译为"反传移"了。

Sexual perversion	性变态	性泛转	"性变态"一语带有浓厚的贬抑之意,但在弗洛伊德的著作中只是用来描述驱力的一种误置的转向,由于其转向没有一定规则可循,故改译为"性泛转"。
Sexual inversion	性错乱	性逆转	"性错乱"一语带有更浓厚的贬义,变成一个不必要的污名,在弗洛伊德的讨论语境中只是配合"性泛转"概念的另一种驱力转向——不朝向对象,而转回自己,故应译为"性逆转"。
object-choice/ object-relationship	客体选择 / 客体关系	对象选择 / 对象关系	"对象关系"(object-relationship)这个概念是弗洛伊德之后的第二代精神分析开展出"对象关系理论"(object relations theory)的起点。目前常见的译语"客体关系"以及"客体选择",实系刻意模仿哲学的用词。德文、英文中使用的"object",在这个语境中不一定要翻成"客体"。拿中文的通常用语来说,谁会把"爱的对象"说成"爱

object-choice/ object-relationship	客体选择 / 客体关系	对象选择 / 对象关系	的客体"呢？让这种语词在我们的语言中得到适当的位置，还是译为"对象关系 / 对象选择"。

* * *

至于全书的译例（编写形式），说明如下：

本译稿的初稿是用繁体字编写，再交由果麦文化编辑转换为简体字版。由于电脑文书的自动转换常会出现差错，因此，简体字版的全文也经过了译者的再次校对。

本译稿使用的分节、分段形式与标号原则上一概与原文相同——其中不包括标点符号，因为在中文使用习惯上不可能如此。

原文中作者强调之处用斜体字表示，在本译稿中均用黑体字。

在繁体中文里，带有性别等指向的第二人称单数、复数，譬如"妳""妳们"，以及复数第三人称，譬如"祂们"，这些虽然在一般书写中很常见，但就语法学而言，都是不必要的画蛇添足，本书一概不予采用。但对于指物而非指人的复数第三人称"它们"则予以保留。

关于注脚：

弗洛伊德的原注，不用特别的记号注明；

英文标准版的译者注，用六角括号〔 〕，但只选择对原文有补
充说明的意义者，其他作为全集的交叉参照（cross reference）则一
律删略；

本书译者所加注者，则一概在注脚前标有"译注"字样。

* * *

本书的编译，始于果麦文化编辑的约稿。这位编辑先建议选译
三篇弗洛伊德原作，就是：

《哀悼与忧郁》（1915，1917）
《论自恋：导论》（1914）
《超越享乐原则》（1919，1920）

她对于本书有很多理想的期待，而我们之间的通信，其实已是
在相当专业层次上的讨论。后来我建议再加上第四篇：

《十七世纪魔鬼学神经症》（1922，1923）

然后再谈编辑时该如何安排先后。这样来来回回讨论的编辑前
置作业，在我过去长期从事的学术翻译工作中，也不是常有的经

验。值得一提的是，我和这位编辑素不相识，但由于她曾在台北求学，也因此有机会通过友人的间接介绍，得以和我联系上。

对于这份专业的翻译作品，我觉得不该用"不揣浅陋"或"才疏学浅"这类的套话来先给自己一个台阶下，但当然得承认，即便用了不少功夫，翻译中仍难免有思虑不周或推敲不足之处，译者除了应自负文责之外，仍望读者诸君能不吝给予赐正。

宋文里

志于新竹

2020年秋

第一篇

十七世纪魔鬼学神经症
（海茨曼病案史）

A Seventeenth-Century Demonological Neurosis
（the Haizmann case）

英文版编辑手记

《十七世纪魔鬼学神经症》（1925，Tr. E. Glover），本版译文，对于1925年的版本，不但更换了新的标题，也对其内容作了相当多的修订。1928年的"爱书人"版本则是为维也纳的爱书人大会而出版，该版含三幅黑白画作（代表了魔鬼第一次、第二次与第五次的现身）以及四份原版手稿的黑白影印。

本篇写作于1922年的最后几个月（Jones, 1957: 105）。弗洛伊德本人在第一节开头充分解释了本篇写作初衷。弗洛伊德对于巫术、附身（possession）及相关现象等一直保有长期的兴趣。这似乎是由1885—1886年间在萨佩堤医院（Salpêtrière）的研习而引起。沙考（Charcot）本人非常注意神经症的历史面向，此一事实，弗洛伊德在1886年所作的巴黎访学"报告"中提过不止一次。在弗洛伊德翻译的第一套《沙考讲义》第十六讲开头处，就说明了十六世纪的附身个案；而弗洛伊德第二批译作中，《周二课程》一文的第七篇里，则讨论到中世纪的"魔鬼—狂躁"具有歇斯底里症的本质。不仅如此，在他为沙考写的讣闻（1893a）中，特别强调了老师在这方面的研究工作。

有两封给弗利斯（Fliess）的信，分别写于1897年1月17日和24日（Freud, 1950a，编号56，57），论及巫师以及他们和魔鬼的关系，显示出弗洛伊德没有丧失这方面的兴趣；实际上在第一封信里，从弗洛伊德的口吻判断，他与弗利斯好像经常讨论这个话题。其中已有暗示说，魔鬼可能是一种父亲形象（father-figure），而他特别坚持的就是中世纪巫师信仰中的肛门材料所扮演的角色。这两点在《性格与肛门性欲》（1908b, S. E. 9: 174）这篇论文当中都作了简短的引述。我们从锺斯（Jones, 1957: 378）那里可以获知，1909年1月27日，维也纳的书商兼出版者贺乐（Hugo Heller），在维也纳精神分析学会以会员身份宣读了一篇文章，《论〈魔鬼的历史〉》。学会的会议纪要很不幸没有传到我们手里，但根据锺斯之说，弗洛伊德在会上有一段很长的发言，论及魔鬼信仰的心理成分，显然跟本文第三节的内容相当一致。同样在第三节中，弗洛伊德的讨论也超越了个案以及有限的魔鬼学问题范畴，来到了推敲一些范围较广的问题，涉及男性在其面对父亲时如何吸收了女性态度。在此，他提出史瑞伯博士（Dr. Schreber）的个人史来作平行的讨论，虽然他从来不曾把本文的个案归类为妄想症。

最近出版了一本大部头著作，名为《思觉失调症，[1] 1677》（*Schizophrenia 1677*, London, 1956 : Dawson），作者是两位医师，麦可派因（Ida Macalpine）和杭特（R. A. Hunter）。这本书中包含

1　Schizophrenia一词旧译"精神分裂症"，2014年，中国台湾地区的"卫生福利部"宣布将"精神分裂症"正式更名为"思觉失调症"。

了《马利亚采尔圣堂的凯旋纪念》（*Trophy of Mariazell*）[2] 手稿影印本，以及附件中九幅画的复制品。仔细检视这些材料，才有可能对弗洛伊德对手稿的说明作一两个补充和修订——毫无疑问，佛洛伊德的手稿完全根据派耶–涂恩（Payer-Thurn）医师所提供的抄本和报告。在此必须补充的是：麦可派因和杭特两位医师的长篇评注大部分都是针对弗洛伊德对于此个案观点的批评；很可惜我们无法看见他们对于弗洛伊德所引述的原稿诸多段落所作的翻译，因为至少有两三个重点，他们对原稿的译法跟弗洛伊德的翻译颇有出入。[3]

在本文中所作的翻译无意模仿原手稿的十七世纪德文文体风格。

2　这份手稿在本文中出现的标题是用拉丁文 *Trophaeum Mariano-Cellense*。

3　最近范登德里舍博士（Dr. G. Vandendriessche）发现了不少跟克里斯多夫·海兹曼（Christoph Heizmann）有关的史料——都是弗洛伊德所不知的——其中包括《凯旋纪念》更多章节的抄本，这使得他能够对维也纳手稿的文本作些修订，并且重建了原有的一些破损部分。他的发现已经很翔实地包含在他对于弗洛伊德文章的批判检视中（《弗洛伊德在海兹曼个案中所犯的失误》[*The Parapraxis in the Haizmann Case of Sigmund Freud*, Louvain and Paris, 1965]）。

魔鬼第一次向克里斯多夫·海兹曼的现身
——海兹曼作品

魔鬼第二度向克里斯多夫·海兹曼的现身
——海兹曼作品

导论

童年期神经症告诉我们的一些事情，我们本来用肉眼就很容易看见的，到了成年以后，却只能透过完整的探究才能发现。我们也许期待早先几个世纪的神经症会有同样的情形发生，只要我们有心理准备，能用不同于今日的神经症名称来指认它们。我们不必讶异，在现代的心理学之前，神经症常会以虑病症的（hypochondriacal）的面相出现，并装扮成器质性疾病而发作，至于更早几个世纪的神经症则常陷落在魔鬼学（demonological）[1]语境之中发生。有好几位作者，如众所周知，其中尤以沙考（Charcot）为

---

1   译注：魔鬼学（demonology）是指一般人对于鬼或魔鬼的信仰，以及专家对此信仰的研究。此词的形容词态demonological是指前者，名词态demonology就是像作者弗洛伊德的这种研究。西文所称的"魔鬼"和中文所称的"鬼"，两者的意思相近，但也不尽相同，有值得比较之处。基督教传统中的"魔鬼"最常指"堕落的天使——撒旦"。中文的"鬼"则常带有"已故先人"的含义，任何死人都会变为"鬼"。本文所谈的是西方概念的"魔鬼"，在基督教的文学传统里经常出现，与本文最相关的魔鬼形象，有诱惑、附身等特质，这在中文的鬼故事中也很常见（本文中的魔鬼接近于歌德名著《浮士德》之中的梅菲斯特[Mephistopheles]这个角色。参见本书第四篇《超越享乐原则》，文中有弗洛伊德引用梅菲斯特的一句台词）。

最，把歇斯底里症（hysteria）的显现视为对附身、迷狂[2]等现象的描绘，而这些都很常保留在艺术作品中。如果这些个案史在当时都曾获得更多注意，那么要在其中重新寻回神经症的题材，就不会是什么难事了。

那些黑暗年代的魔鬼学理论最终在对抗当时的"准确"科学之下赢得胜利。所谓附身状态可与我们的神经症相呼应，而为了对此作出解释，我们再度诉诸心灵的力量。在我们眼中，魔鬼就是坏的、令人生厌的愿望，衍生自被拒斥和压抑的本能冲动。我们只不过是把中世纪所带来的心灵对外在世界的投射予以消除，代之以另一种看法，即魔鬼居于此心，魔由心生。

I. 画家克里斯多夫·海兹曼（Christoph Heizmann）的故事

我受惠于维也纳前皇家公共图书馆馆长派耶–涂恩（Payer-Thurn）的友情支持，才有机会研究这类十七世纪的魔鬼学神经症。派耶–涂恩在此图书馆中发现一份手稿，原本藏于马利亚采尔（Mariazell）圣堂，其中详细说明了一个透过万福马利亚的恩宠而从魔鬼之约中获得神迹救赎的案情。他的兴趣是起于此一故事与浮士德传说的相似之处，并使他费尽精力将这些材料编辑出版。不过，由于发现故事中描述的人物所获得的救赎中伴随有痉挛发作以及幻视现象，因此

---

2   译注：附身、迷狂（ecstasy）只是常见的泛称，在每个文化中的所谓"魔鬼学（demonological）语境"之中，其实一定还有很多其他词语用来指称这种难言的状态。"上身""降坛""起童""起驾""圣灵充满""狂喜""中邪"等都是我们常见的部分提法。

他来找我，征询我对此案情的医学意见。后来我们达成协议，将我们所作的探讨分开来独立出版。[3] 我要借此机会感谢他最初的提示，以及他在多方面协助我研读这份手稿。

这个魔鬼学个案史可导引出真正有价值的发现，它本身不需太多诠释即可自行发光——像极了一击即中的一股纯金属矿脉，但在他处可能需要非常费力地把矿石熔解才能取得。

这份手稿，现在摆在我眼前的，是完整如实的拷贝，其中包含两个截然不同的部分。其一是一份报告书，以拉丁文写成，写者是一位僧院的手抄员或编辑者；另一则是患者留下的日记片段，用德文写的。第一部分包括一篇前言以及对于神迹疗愈的整段描述。第二部分对于那些可敬的神父可能没什么意义，但对我们而言却价值连城。它大部分有助于肯定我们对于此案例的判断，否则我们可能对此踌躇不前，同时我们有很好的理由要感谢僧侣将此档案保存下来，虽然这份档案对于支持他们的观点而言乏善可陈，其实，更可能是弱化了他们的要旨。

但在进一步踏入题名为《马利亚采尔圣堂的凯旋纪念》（Trophaeum Mariano-Cellense）的这本小册子的文章之前，我必须先讲讲一部分取自前言的内容。

3　〔派耶-涂恩写的文章晚于弗洛伊德一年出版。〕

1677年9月5日，画家克里斯多夫·海兹曼，一位巴伐利亚人，被人带到马利亚采尔圣堂，他身上携着一封介绍信，是由不远处的波腾布鲁恩（Pottenbrunn）乡下神父写的。[4]信中写道：此人在波腾布鲁恩待过几个月，想找份画家的工作。8月29日，在当地的教堂中，他有一阵很吓人的痉挛发作。[5]后来几天，痉挛复发了好几次，波腾布鲁恩的地方长官亲自来检视，以便探究是何原由使他受此压迫，是否是他跟随邪灵（Evil Spirit）[6]走进了一条恶道。[7]因此之故，这个人承认了在九年前，他因其绘画工作而意志消沉，怀疑自己是否有能力支持生计，因而降服于引诱过他九次的魔鬼，也和魔鬼立约，写下自己的身体和灵魂都将属于魔鬼，为期九年。九年之约将会在当月的第二十四日到期。[8]信文内容还说：这个不幸的人曾经忏悔，并相信只有马利亚采尔圣堂的圣母恩宠才能拯救他，强迫恶灵把签约的那份血书交回。因此之故，乡下的神父大胆建议这个失去一切救援的可怜人（miserum hunc hominem omni auxilio destitutum）去向马利亚采尔圣堂的好心神父求助。

_____

4　这位画家的年龄在全文都没提到。由上下文来判断，他应是在三十到四十岁之间，可能比较接近后者。他殁于1700年，我们在下文会看到。

5　译注：在原文中，这阵发作是以被动语态来表示："he had been seized with..."亦即"被（某物）抓住"。这种描述显然不是精神分析的语法，而只是弗洛伊德在转述该信文。

6　译注："邪灵"（Evil Spirit）就是魔鬼的别称，在下文有时称为the Evil One（也同样译作"邪灵"），都用大写，表示这已成为一个专有名词。

7　我们只是顺便指出，很有可能这长官的审讯让这位受害者激起了——或被人"暗示"了——他和魔鬼签过契约的幻想。

8　所签的约上写着："Quorum et finis 24 mensis hujus futurus appropinquat ."〔"当月"应指九月，亦即写介绍信的那月。〕

以上是李奥波德斯·布劳恩（Leopoldus Braun），即波腾布鲁恩的乡下神父在报告书中所作的叙述，日期是 1677 年 9 月 1 日。

现在我们就可对此手稿来进行分析。分析的标的包含三部分：

一，彩色的封面页，表现签约的情景以及在马利亚采尔圣堂的礼拜堂受到救赎的景象。下一页则有八幅图[9]，也是彩色的，呈现了接下来几次的魔鬼现身，每幅图底下都有德文写的图例简述。这些图样不是原版，而是拷贝——忠实的复制品，我们严肃地保证——来自克里斯多夫·海兹曼的原作。[10]

二，《马利亚采尔圣堂的凯旋纪念》（拉丁文）原版，即那位编辑者的作品，底下署名"P.A.E"，还附有四行韵文，包括作者的传记。《凯旋纪念》一文的结尾处有圣蓝伯特（St. Lambert）修道院院长奇里恩（Kilian）所作的证词，写于 1729 年 9 月 4 日，其书写字形不同于编辑者，说的是手稿与图画跟典藏档案完全相符。文中没提到《凯旋纪念》在哪年编成。我们可自由地假设那是在奇里

9　〔这说法与 Macalpine and Hunter（1956, 55）的叙述不符："这份手稿是由二十张对开的大裁纸（307×196mm）钉制而成。其中五张都是图：画家在病中所见的魔鬼，以各种形象与扮装现身。还有一幅三联画（triptych），画的是首次与魔鬼相遇，其中的中央一幅描绘了签约书在马利亚圣堂的归还。"图画的呈现方式在本文中没有详说，但很可能五页的图之一就是那幅三联画（弗洛伊德所谓的"封面页"），其余四页则各包含两幅较小的图。〕

10　译注：《全集标准版》中的附图只有两幅，如本文所载。

恩院长写下证词的同一年，也就是在 1729 年；或者，既然文本中提及的最后日期是 1714 年，我们可将编辑的工作设定在 1714 到 1729 之间。这份手稿想要保留不忘的神迹是发生在 1677 年——也就是说，在三十七到五十二年之前。

三，画家的日记，用德文写的，记录的期间是从教堂中获得救赎到隔年即 1678 年的 1 月 13 日。这是附在《凯旋纪念》文本的接近末尾处。

《凯旋纪念》文本实际上的核心包含在两个书写片段中，即波腾布鲁恩乡下神父李奥波德斯·布劳恩所写的介绍信（上文已提及），日期是 1677 年 9 月 1 日，以及马利亚采尔和圣蓝伯特的修道院院长法兰西斯可（Franciscus）对于此神迹疗愈所作的报告，日期是 1677 年 9 月 12 日，也就是说，在隔了几天之后。编辑者 P.A.E 的工作是提供了一篇前言，把这两份文献融合在一起；他也增补了一些不太重要的连结桥段，以及在末尾加上一段关于画家后续发展的说明，他所根据的是在 1714 年所作的考据。[11]

这位画家先前的生活史在《凯旋纪念》中先后被说了三次：（1）波腾布鲁恩乡下神父的介绍信；（2）法兰西斯可院长的正式报告；（3）编者的前言。将此三种来源资料做个比对，会发现其中有些不一致的地方，对于想要追根究底的我们而言，不可谓不重要。

11　这就使得《凯旋纪念》一文看起来也是写于 1714 年。

现在对于这位画家的故事，我可以继续往下说了。在马利亚采尔经过了一段相当长的忏悔苦修和祷告之后，魔鬼就在圣堂里向他现身，那是在9月8日即圣母诞辰日的午夜，魔鬼以有翼的龙形现身，把所签的契约交还给他，那是一份血书。我们往后会晓得，也很吃惊的是：出现在海兹曼故事里和魔鬼签的契约书有**两份**——较早一版，用黑墨水写的，以及后来的一版，用血写的。在报告书中提及的驱魔情景，也可见于封面页的图像，其中的契约是血书，也就是后来的版本。

　　谈到这里，有个疑点冒了出来：出自僧院的报告书到底有多高的可信度？我们心中难道不会发出警告，叫我们不要浪费精力来读这种迷信的产物吗？我们看到文中提到几位有名有姓的僧侣，当魔鬼现身时，在教堂里协助驱魔。如果可以肯定他们也都看见了以龙形现身的魔鬼递交了红色字迹的契约书给画家，我们就得面对几个令人不悦的可能性，而有集体幻觉产生还算是其中最温和的一个。但是法兰西斯可院长的证词扫除了这个疑点。他没肯定来帮忙的僧侣们也看见了魔鬼，并且只是以平实严肃的字眼说：画家突然从神父们的手中挣脱，疾奔向教堂的角落，在那里看见显灵，然后跑回来，手中握着那份契约书。[12]

12　此段原文："...（poenitens）ipsumque Daemonem ad Aram Sac. Cellae per fenestrellam in cornu Epistolae, Schedam sibi porrigentem conspexisset, eo advolans e Religio-sorum manibus, qui eum tenebant, ipsam Schedam ad manum obtinuit..." "……（悔罪者）在圣堂神龛旁透过书信边墙小窗看见魔鬼，向他递交契约书；他从神父们手中挣脱，跑去把契约书抓回……"

这是一次伟大的神迹，而这无疑是圣母对撒旦的胜利，但很不幸的是这场疗愈的效果未能维持长久。僧侣工作仍有可圈可点之处，因为他们对此并不隐瞒。在短暂的逗留之后，画家以最佳健康状态离了马利亚采尔圣堂，前往维也纳，寄宿于一个已婚的姐姐家里。10月11日，开始了新的发作，其中有几次相当严重，这些在写到1月13日（1678）的日记中都有报告。其中包括若干幻视以及一些 **"不在场"**（absences）[13]，他在其中看到和体验到种种事态，他的痉挛发作还伴随有最为痛苦的感觉，譬如有一回是双腿瘫痪，等等。不过，这次折磨他的不是魔鬼；让他恼火不已的竟是那些神圣的形象——基督以及万福马利亚本身。很值得注意的是，他所受的来自这些天界神显的苦痛以及他们的施罚，并不少于他先前与魔鬼交通而得者。实际上，在他的日记中，他把这些新鲜的体验有如见鬼一般写下来；而当他在1678年5月重返马利亚采尔时，他抱怨的是 "邪灵的显现"（maligni Spiritûs manifestationes）。

他告诉可敬的神父们，他回来此处的理由是他必须要求魔鬼还给他较早的另一份契约书，那是用墨水写的。[14] 这回又是由万福马利亚以及虔诚的神父们帮他了遂心愿。至于这是如何发生的，在报告书中却几乎静默无语，只有这么半行字：quâ iuxta votum redditâ（……这是在回应他的祷告下归还……）。亦即他再度祷告后取回

13　译注：这里所谓的 "不在场"（或 "缺如"）应是指海兹曼本人和幻视（看见）相较之下的 "看不见"，譬如在间歇的失去意识状态中。

14　这份契约书的签约时间在1668年9月，而到了1678年5月，也就是九年半之后，契约的到期日早已过了。

了契约书。在此之后他觉得相当自在，就加入了慈善修士会（Order of the Brothers Hospitallers）。

我们再度需要承担的是：虽然我们对于文本编辑者明显的用心已有认知，但也看出他对于个案史写法还不至于罔顾其中所需的诚信。因为他并未隐瞒他在1714年对于画家的后期生活史所作的考察结果，他的根据来自（维也纳）慈善修士会的修道院高层。当地神父的报告说：克里索斯多穆修士（Brother Chrysostomus）[15]又反复受到邪灵的诱惑，要他再签新约（虽然这只发生在"他喝酒有点过多之后"）。但由于神的恩宠，他总是有可能拒绝诱惑。克里索斯多穆修士后来是在莫尔道河畔新镇（Neustadt on the Moldau）的修士会修道院中，"安然祥和地"死于一场急性热病，时在1700年。

II. 与魔鬼签约的动机

如果我们来把这份跟魔鬼签的约看成一个神经症的案例史，我们的第一个问题马上就会落在动机上面，当然，也就是说，这会和事件起因有密切关联。为什么有人会跟魔鬼签约？实际上，浮士德就曾经很轻蔑地问道："你这卑贱的魔鬼，有什么好给的呢？"（"Was willst du armer Teufel geben？"）但他错了。要回报给一个（自认为）不朽的灵魂[16]，魔鬼对一个男人可给的高价之物可多了：

15　译注：这是海兹曼在修士会中使用的名字。

16　译注：这"自认为"三字是译者所加，因为弗洛伊德所称的"不朽的灵魂"显然是用反讽的语气。不过，这是汉语读者对于"灵魂"之事不太习惯的用法，加上去也许是画蛇添足，但就当作是减少脑筋转弯的麻烦也罢。

钱财、免于危险的安全、在众人之上的权力、掌控自然的能力，甚至魔力，以及特别是高于一切的享乐——享有美丽的女人。这些由魔鬼履行的服务或提供的承诺，通常都会在与他所签的合同中具体提及。[17] 那么，把克里斯多夫·海兹曼引去跟魔鬼签约的动机是什么？

这就够怪了——根本没有上述那种种自然的愿望。为了扫除整个事件的疑云，你只要读一读画家在他描绘魔鬼现身的插画底下那些简单的附笔。譬如，第三幅的附笔写道："在一年半内的第三次，他是以这令人嫌恶的模样对我现身的，手上拿着一本书，写满了魔法与巫术……"[18] 但是，根据附在下一次现身中的说明，我们听到的是魔鬼凶恶地咒骂他"把上回提到的那本书焚毁"，且威胁道，若不归还那本书，就要把他撕碎。

17　可参看《浮士德》第一部第四幕：
Ich will mich hier zu deinem Dienst verbinden,
Auf deinen Wink nicht rasten und nicht ruhn;
Wenn wir uns drüben wiederfinden,
So sollst du mir das Gleiche thun.
"在此界，我愿戴上枷锁，听你使唤，
并对你的每一次示意都服服帖帖；
当我们在来世重逢时，
你也应为我做同样的事情。"（本书译者的翻译）

18　〔"Zum driten ist er mir in anderthalb Jahren in diser abscheüh-lichen Gestalt erschinen, mit einen Buuch in der Handt, darin lauter Zauberey und schwarze Kunst war begrüffen..."〕

第四次现身时，魔鬼让他看了一个黄色的大钱袋和一大笔金币，且承诺他无论何时他想要多少就给多少。但这位画家还能吹嘘道他"对这种东西，什么也没拿"。

另一次，魔鬼要他转向享乐和欢愉，画家在此记道："我这确实是依他所欲而敷衍过去；但我在三天后就没继续了，此后我又恢复了自由之身。"

由于他拒绝魔鬼提供的魔法与巫术、钱财以及其他种种享乐，它们也没有成为立约的条件，那就变得更令人迫切想知道画家跟魔鬼立约时，事实上他要的是什么东西。跟魔鬼打交道总要有**某种**动机。

到此，《凯旋纪念》也为我们提供了可信的信息。他变得意志消沉，不能或不愿好好工作，且一直担心生计问题；也就是说，他正受着忧郁症（melancholic depression）之苦，带有工作抑制（work inhibition）[19] 以及（合理地）为将来而感到恐惧。我们可以看到，我们正在处理的就是一个真实的个案历史。我们也知道，其发病的原因，画家自己在他的魔鬼图之一写下的附笔实际上自称为忧郁症（"我应该想办法转移注意力并且赶走忧郁症"）。在我们的三种资料来源中的第一种，即乡下神父的介绍信中，其实只说到有沮丧的状态，但第二种来源，即法兰西斯可院长的报告，告诉了我们这

19　译注：工作抑制（work inhibition）是精神分析的常用语，指不能工作，但不是技能上出了什么问题，而是无意识地失去工作动机，以致无法动手。

种心灰意冷或沮丧的原因。他说："...acceptâ aliquâ pusillanimitate ex morte parentis..."（"……他变得有些心灰意冷是由于他的父亲过世……"）也就是说，当时他的父亲过世使得他陷入忧郁状态；当此之际，魔鬼来临，问他为何如此低落和哀伤，并允诺"要以各种方式来协助他，并给他支持"。[20]

于是，这里有个人，他和魔鬼签约以便能从忧郁状态中解脱。这无疑是个充分的动机——凡能理解这种状态是如何折磨人，也晓得医药对此病不太有减缓之效者，就一定会同意他的动机。然而跟着读这故事的人当中，没有一个能猜到他和魔鬼签的这份契约书（或这两份契约书）[21]上面的内文实际上究竟是怎么写的。

契约书为我们带来两大震惊之处。首先，契约书中没提到对于画家押上的永生的幸福，魔鬼要给他什么**承诺**作为回报，而只说魔鬼提出了画家必须满足的要求。让我们惊讶的是其中的不合逻辑以及荒谬：此人必须交出他的灵魂，不是为了他获得什么，而是他必须为魔鬼做些事。但**画家**所给的承诺看起来还更奇怪。

第一份"签约书"，用墨水写的内容如下：

20　封面页的图及其附笔将魔鬼描绘为"诚实公民"的模样。

21　既然是有两份契约书——第一份为墨书，第二份为大约一年后的血书——两者都说是马利亚采尔圣堂的典藏，且也已转录在《凯旋纪念》一文中。

本人，克里斯多夫·海兹曼，将自己献给这位主，作为其义子，直到第九年。1669 年立。[22]

第二份"签约书"，用血书写而成，内容如下：

年在 1669。

本人，克里斯多夫·海兹曼，在此与撒旦立约，为其义子，第九年后，则愿奉上肉身及灵魂。[23]

不过，我们的讶异会立即消失，如果我们阅读契约书的文本，看出其中的意思，即所谓魔鬼的要求，其实是他自己要提供的服务，也就是说，那是**画家**自己的要求。这份令人费解的契约在这种情况下就会有个直截了当的意思，我们可以将它重写如下：魔鬼将取代画家失去的父亲，为时九年。九年之约到期后画家将以其肉身及灵魂奉为魔鬼的财产，正如此类交易中我们常见的习俗那样。让画家有此动机去立约的思路似乎是这样的：他的父亲之死让他失魂落魄，也失去工作能力；只要他能获得一个父亲的替身，他也许会有希望重获他所失去的一切。

一个人因为父亲之死而陷入忧郁状态，那么他一定是很喜欢其

22　〔"Ich Christoph Haizmann vndterschreibe mich disen Herrn sein leibeigner Sohn auff 9. Jahr. 1669 Jahr."〕

23　〔"Christoph Haizmann. Ich verschreibe mich disen Satan ich sein leibeigner Sohn zu sein, und in 9. Jahr ihm mein Leib und Seel zuzugeheren."〕

父的。但若如此，这个人会想要找魔鬼来替代他所爱的父亲，那可真是太奇怪了。

III. 以魔鬼为父亲的替身（Father-Substitute）

我担心有些严谨的批评者还无心承认这种新鲜的诠释会让跟魔鬼签约的意义变得清晰。他们可能提出两点反对意见。

首先，他们会说，没必要把此约视为两方业已做出承诺的契约书。相反地，他们会辩称，其中所载的只有画家一方的承诺；至于魔鬼的承诺则在文本中已被省略，且宛如"有此含义"（sousentendu）：画家写下了**两种**承担——其一是作为魔鬼的义子九年，其二是在死后则全部归他所有。以此而言，我们的立论前提之一就已被清除了。

第二个反对意见是说：我们没有理由特别强调"魔鬼的义子"，因为这只不过是一种惯用的修辞，任何人都可像神父那样诠释此词。因为在拉丁文的翻译中并没有提到在契约书中承诺为子的关系，而只是说画家要"mancipavit"他自己——让他成为约定的奴仆——臣属于邪灵，且要步入一条有罪之路，否认神也否认圣三位一体。既然如此，那又何必闪避对于此事显然且自然的看法呢？ [24]

24　我们就事论事，后来推敲到这些契约书是在何时以及为谁而立，这么一来我们就该晓得，那些文本的遣词用字本来就会使用通顺易解的方式来写。无论如何，对我们而言，其中包含的暧昧之处正是我们做此讨论的起点。

此立场，简单说，就是：这个人在忧郁的折磨和困惑中，和魔鬼立约，他自认为这是具有最大疗效的力量。他的忧郁和其父之死同时发生，但这两者之间是无关的，这时也可能发生任何别的事情。

这些意见听来可信且颇有道理。精神分析又一次必须面对这样的指责，说它老是在最单纯的事情中作出细如毫毛的复杂分辨，然后从中看出许多奥秘和难题，其实根本不存在。而分析这么做，就是一直强调随处可见的没意义且不相干的细节，然后就据此导出遥不可及且怪异的结论。如果我们指出，对我们的诠释作出上述那些拒斥，许多惊人的类比都一扫精光，并打破我们在本案中能够证明的一些微妙的关联。我们的反对者会说那些类比和关联事实上都不存在，而是由我们以根本用不着的鬼灵精把它们罗织到案情之中。

我不必在回答前面加上"老实说"或"坦诚地说"，因为每个人对于这些事情本来就该如此，而不必事先注明。我反而要简单地说，我很清楚，不相信精神分析思想模式是有理可循的人，没有一位会从这个十七世纪画家克里斯多夫·海兹曼的事例中获取信仰。我也无意利用此案例来作为精神分析效度的证据。相反地，我已事先接受其效度，然后要运用它来阐明画家的魔鬼学病情。我能这么做的理由在于我们对于神经症本质的整体探究已获得的成效。我们可以毫不夸张地说，在今天即令是我们的同僚以及同行的中人以下者都开始晓得：神经症的状态若没有精神分析之助是很难理解的。

这些箭可以征服特洛伊，就只凭这些箭。

如同奥德修斯（Odysseus）在索福克勒斯（Sophocles）的《菲罗克忒忒斯》（*Philoctetes*）如此自叹。[25]

如果我们的看法是对的——画家和魔鬼的签约乃是一种神经症的幻觉——那就没必要为精神分析的推敲作进一步的辩解。即令是很小的迹象也有其意义与重要性，而当它们会关联到神经症的起源条件时，会显得更为特别。其实，它们的价值可能被高估或低估，至于我们可以在此论据上走多远，那就是判断上的问题。但任何人若不相信精神分析——或以此事而言，也就不相信魔鬼——对于画家的个案都必须尽其所能，无论是他自己能否给予解释，甚至可能看不出哪里需要解释。

于是我们就回到我们的假设，画家是跟魔鬼签了约，以他作为父亲的直接替身。而魔鬼的形象，就其第一次向画家现身而言，证明了这一点——是个诚实的年长公民，满面棕须，身穿红色斗篷，右手拄着拐杖，身边跟着一只黑狗[26]（参照第一图）。到了后来，他的形象变得愈来愈恐怖——也许可说，更接近于神话。他头上长角，有鹰掌、蝙蝠翼。最终他在教堂现身为有翼的飞龙。我们在底下再回头来谈谈身体形象的一处特别的细节。

25　译注：弗洛伊德借由奥德修斯的这句自白，感叹手中握有可以征服特洛伊的利箭，但却无人知晓。

26　在歌德〔《浮士德》第一部第二幕及第三幕〕，有只像这样的黑狗，后来变身为魔鬼本人。

听来确实奇怪的是为何需选择魔鬼来替代慈爱的父亲。但这只是在乍看之下如此，因为我们还知道很多别的事情，会减少我们的惊讶。首先，我们知道神（上帝）就是父亲的替身（替代物）；或更准确地说，他即是被人尊崇的父；或再进一步，他乃是幼儿的父亲体验之复制品（拷贝）——以个体人而言是其自身童年时期的父亲，以人类而言则为史前原始群落或部族中的父亲。在后来的生活中，个人会将他的父亲视作不同的、不那么重要的存在。但是属于童年的理念形象留存了下来，会和遗传记忆轨迹中的原初父亲（primal father）合并，而形成个体观念中的神。我们也知道，从分析所揭示的个人秘密生活来看，画家和父亲的关系也许在一开头就是模棱两可（ambivalent）的[27]，或者，无论如何，不久就变成了这样。也就是说，其中包含两套相互对立的情绪冲动：不仅是亲昵与顺服的天性所带来的冲动，还另包含着敌对和挑衅的冲动。我们的看法是这同样的模棱两可也支配着人和神的关系。在这双方之间有未曾解决的冲突，一方面是对父亲的孺慕，另一方面则是对他的畏惧以及子对父的挑衅，这就为我们解释了宗教的重要特点，以及其中具有决定性的周期兴衰。[28]

27　译注：模棱两可（ambivalent, ambivalence）一词是精神分析的关键术语，用以指称人的情感、情绪状态中同时包含着矛盾的两面，譬如爱恨交加、美艳妒恨等。

28　参见《图腾与禁忌》（*Totem and Taboo*, 1912—1913）以及雷克（Reik, 1919）。译注：雷克的英译本 *Ritual: Psychoanalytic Studies* . New York: Norton, 1931.

至于邪魔（Evil Demon），我们知道他被视为神的对立面（antithesis），然而在本质上仍与神非常接近。他的历史不像神那般得到好好研究；不是所有的宗教都把邪灵这个神的对立者收入其中，而其在个人生活中的雏形，到目前为止也都还停留在暧昧状态中。不过，有一事是可确定的：当旧神被新神驱逐之后，他们可转变为恶鬼。当一个民族被另一民族征服之后，他们那些落败的神在征服者眼中，很少不转变为魔鬼的。基督信仰中的恶鬼——中世纪的魔鬼——根据基督教的神话，他自身就是落败天使，[29] 拥有神一般的本性。在此不必动用需要很多分析的洞察力就可猜到，神和鬼本是同一回事——是同一个人物，后来分裂成两个带有对立性质的人物。[30] 在宗教的最早时期，神本身仍拥有各种恐怖的特征，后来集合起来形成自己的一个对立面。

我们在此就有了我们都熟悉的此一过程之实例，透过此例可看见一个具有矛盾的观念—— 一个模棱两可的内容如何裂变为两个反差尖锐的对立者。然而，在神的本性之中的矛盾，只不过是支配个人与其父亲之间关系的那种矛盾情绪的反映。如果慈祥而正直的神是在替代他的父亲，那么，不令人意外的是他对父亲的敌对态度，亦即对他的怨恨与畏惧，对他的抱怨，应该会在创造撒旦时表现出来。因此，看起来，父亲是兼具上帝和魔鬼两者的个体原型。但我

29　译注：此"落败天使"（fallen angel）常见的译名为"堕落的天使"。在本文中已经讲明了，是跟着被征服者一起"落败"，而不是"堕落"。

30　参照特奥多尔·雷克（Theodor Reik, 1923, VII）。译注：雷克的 *Der eigene und der fremde Gott*（《自己的神与他人的神》），没有英译本。

们应可预料，宗教中一定带有不可磨灭的事实标记，即上古原初父亲乃是一个毫无节度的邪恶存在——不像上帝而更像魔鬼。

事实上，要在个人的心灵生活中呈现出这种撒旦式的父亲观的迹象，那并不容易。当一个小男孩在画鬼脸和讽刺画时，我们无疑会看出，这是用来嘲弄父亲的；还有，无论男孩或女孩在晚上会怕有小偷或强盗，那也不难辨认此类人物是从父亲形象中分离出来的一部分。[31] 同样，出现在儿童的动物恐惧症中的那些动物，最常就是父亲的替身，有如远古时代的图腾兽。但魔鬼是复制的父亲，且可作为他的替身，这在他处都不如在这个十七世纪画家的魔鬼学神经症中这么明显。那就是为何在本文的开头，我预告了这类魔鬼学个案史会以纯金属材料的形式出产，而在后代的神经症中[不再是迷信但更多像是虑病症（hypochondria）]则必须用分析工作，从自由联想和症状的矿脉中，才得以辛苦抽取这些材料。[32] 对于我们这位画家的疾病分析作更深入的穿透，很可能会更增强我们的信念。一

31　在家喻户晓的童话《七只小山羊》当中，狼父作为强盗出现。〔这则童话在《狼人》个案史（1918）中占有重要地位。〕

32　事实上，在我们的分析中，很难得成功发现以魔鬼作为父亲的替身，这也许指出了会来找我们寻求分析治疗的人，在他们心目中这一中世纪神话的角色早已玩完了。对于早几个世纪的虔诚基督徒来说，魔鬼信仰的沉重义务并不逊于相信上帝。事实上，他需要魔鬼以便于抓住上帝。后来对上帝的信仰逐渐褪色，由于种种原因，首先影响到魔鬼角色的重要性。如果我们够大胆，敢于把"魔鬼是父亲的替身"这观念运用于文化史，我们或许也可以对于中世纪的猎巫（审判女巫）之事投以新的眼光〔在Ernest Jones（1912）论梦魇的书中已有一章谈到女巫的问题〕。

个人会因为父亲亡故而患上忧郁症以及工作抑制，这本非什么不寻常的事情。当这一事态发生时，我们得到了结论：这个人在对父亲的依附关系中带有强烈的爱，而且我们也记得强烈的忧郁症经常以神经质的哀悼形式出现。[33]

我们在这点上无疑是对的。但我们若进一步得出结论道，这只是一种关乎爱的关系，那我们就错了。相反地，他对于丧父的悲痛越有可能转变为忧郁症，那么他对父亲的态度越是带有矛盾情绪的这般强调，为我们预备好一种可能性，即父亲会遭受由尊转卑的过程，正如我们在画家的魔鬼学神经症中所见到的状况一样。假若我们对克里斯多夫·海兹曼的了解，也如对跟我们一起做分析的患者那样详尽，那么，要诱发出这种矛盾的情绪，亦即让他回忆起在何时，以及在什么状况的激发下，让他对父亲产生畏惧与忿恨，那就不是件难事了；还有，更重要的，是发现何种意外因素加进了这套典型的恨父动机中，而这套动机必定是遗传自父子之间的自然关系。也许我们还可继而发现特殊的解释，用于说明画家的工作抑制。很有可能他的父亲曾反对他成为画家的愿望，果如其然，那么，他在父亲过世后就不能实践他的艺术，一方面这是一种熟悉现象的表现，叫做"延宕的服从"（deferred obedience）[34]；另一方面，使他不能自营生计，那会使得他益发渴望父亲这位保护者来照料他的生活。就延宕的服从那方面来说，那也同时表达了他的懊悔

33　译注：对于这点，请参照本书中的《哀悼与忧郁》。
34　〔与此相同的一例可见于"小汉斯"（1909）的分析。〕

以及成功达到的自我惩罚。[35]

不过，既然我们不能把这种分析实施于1700年过世的克里斯多夫·海兹曼身上，我们应可满足于能在他的个案史中带出某些特点，亦即可用以指出他对于父亲的负面态度有其典型的诱发原因。我们发现的特点虽不算多，也并不特别惊人，但却非常有意思。

我们首先就来推敲一下数字"9"所扮演的角色。[36]他跟邪灵所签的约，为期九年。在这点上，波腾布鲁恩乡下神父那可信无疑的报告写得相当清楚："他递出一封契约书，签的期限是九年。"（pro novem annis Syngraphen scriptam tradidit.）写这封介绍信的日期为1677年9月1日，其中也含有这样的信息，即这份期约即将在几天后到期："……到期日就近在本月的24日。"（quorum et finis 24 mensis hujus futurus appropinquat.）因此这份契约书的签订日期应在1668年9月24日。[37]就在同一份报告书中，还有另一处用到数字9。画家宣称在他最终降服之前，自己对于邪灵的诱惑，曾经抵挡过九次——"nonies"（9）。这个细节在后来的报告书中都未再

35　译注："懊悔"是以"所失（失去父亲）"这个事态为对象的自责，而"自我惩罚"则是以自我作为责备的对象。这里包含的"自我/对象"关系就是一种模棱两可。

36　译注：对于数字在无意识中所扮演的角色，弗洛伊德早在《日常生活的心理病理学》（The Psychopathology of Everyday Life，1901）一书中已有讨论。

37　矛盾的事实在于两份转录的契约书上的签约之年都在1669年，这问题留到后面再来推敲。

提起。在修道院院长的证词中用到一个片语"post annos novem"（在九年之后），而编辑者在总结摘要中也重复了一次"ad novem annos"（有九年）——证明了这个数字并非无关紧要。

"9"这个数字，我们都已从神经症的幻想中熟知。那是怀孕期的月数，不论它在哪里出现，都会把我们的注意力引向怀孕的幻想。在这位画家的案例中，很显然，这数字指的是年而不是月；且要说"9"在其他方面也是一个重要的数字，这势必遭到反对。但谁能否认它通常很大程度上能将其圣洁性归于其在怀孕中扮演的角色？我们也不必因为从九月到九年的转变而自乱脚步。我们从梦[38]里知道，"无意识心理活动"可以多么自由地运用数字。举例来说，在梦中出现"5"这个数字，这就一定可以追溯到"5"在醒着的生活中有何重要；但是醒时"5"是指年龄差五岁，或是指一群五人，而在梦境中指五张钞票或五颗水果。也就是说，数字保留着，但用它来指称什么，就会随着凝缩（condensation）或误置（displacement）的需求而改变。梦中的九年因此很容易对应于现实生活中的九个月。梦作对于醒着时的数字还有别的玩法，因为它可以完全不在乎那些"0"，因而根本不把它当作数字来看。梦中的五块钱可以代表现实中的五十、五百或五千块。

关于画家与魔鬼的关系，还有另一个细节，会带有性的指涉。关于他第一次与魔鬼的会面，我曾提过他看见邪灵以诚实公民的模

38　〔参见《释梦》（1900），第六章，F节。〕

样现身。但第二次，魔鬼已经不成样，是裸体的，而且有两对女性的乳房。[39] 在他往后几次的显现中，乳房都没消失，有时一对，有时两对。其中只有一次，魔鬼除了乳房之外，还展示了特大的阳具，呈蛇形。通过下垂的大乳房来强调女性的性征（没有任何地方涉及女性的生殖器），这会给我们带来惊人的矛盾，因为我们的假设是：魔鬼对画家的意义在于他是父亲的替身。其实，以这种方式来呈现魔鬼，本身已经很不寻常了。对一般意义上的"鬼"以及一群鬼而言，描绘女鬼并不奇怪；但**这个**魔鬼，作为一个重大的个体，是地狱之主，上帝之敌，不应该被呈现为寻常男性的样子，事实上，应该是超级男性，头上长角，有尾巴，有很大的蛇形阳具——这些模样，我相信，是前所未见的。

这两项微薄的迹象给了我们一个观念，亦即决定了画家与其父之间负面关系的典型因素究竟是什么。他要反抗的乃是他对其父的女性态度（feminine attitude）[40]，这一态度最终导致了一场幻想，亦即他为其父生了一个孩子（在九年中）。我们从分析经验中确知这种阻抗，也知道它会在传移（transference）[41] 中采用各种奇异的形象，并对我们造成极大的麻烦。在画家对失去父亲的哀悼中，以及

39　译注：参见本文开头部分的附图2。

40　译注：要理解什么是一个男人（男孩）的"女性态度"，就必须知道：弗洛伊德在《性学三论》的晚期版本（1924）中曾增加一条注脚，说明每个人的心理性别都是"双性的"（bisexual），亦即男性在对待一个男性对象时，能以女性自居。

41　译注：此词的翻译问题，请参阅译者导读的说明。

他对父亲高涨的孺慕之情中，重新激活了他长久以来一直压抑着的怀孕幻想，而他必须以一场神经症——以及通过贬低他的父亲——来保护自己。

但是为什么他的父亲既然已被贬低到魔鬼的地位，还要在身上带着女性的性征？这样的特征在乍看之下难以诠释；但很快地，我们发现了两种互竞而不互斥的解释。一个男孩子对于父亲的女性态度遭到压抑，就是在他了解他和一个女人要成为情敌，互相争夺父亲的爱时，其先决条件就是会失去他的阳具——换言之，遭到阉割。对于女性态度的拒斥因此而成为反抗阉割的结果。经常找到最强的表达形式就是一种反过头来的幻想——把父亲阉割——把**他**变为女人。由此，魔鬼的乳房就会对应于主体本身的女性气质（femininity）在父亲替身上的投射。这第二种解释是，魔鬼身上的女性添加物不再带有敌对的意思，反而充满深情。在采用此形象时已指出一个孩子对于母亲的爱慕被误置到父亲身上；其中暗示了此前对母亲有强烈的固着，而这也是在欲望的轮替中承载着孩子恨父之情的一部分。[42] 大大的胸脯正是母亲的性征，即使是在女性的负面特征——她没有阴茎——尚不为孩子所知时。[43]

如果我们这位画家对于要接受阉割之事一直怀恨在心，使得他不

42　译注：即，在固着于恋母之时，父亲成为情敌，是以生恨。至于"欲望的轮替"，是指在恋母/恋父之间不同时期的轮转——恋母在先，恋父在后。

43　参见《达·芬奇及其童年回忆》（*Leonardo da Vinci and a Memory of his Childhood*, 1910）。

可能平息对父亲的孺慕之情，那就完全可以理解他为何需要转而向母亲的形象寻求帮助和拯救。他宣称只有马利亚采尔的圣母才能解除他跟魔鬼的约定，以及他会在圣母诞辰之日（9月8日）重获自由。至于签约之日——9月24日——是否也以类似的方式决定，我们当然无从知晓。

在精神分析对于儿童心灵生活的观察中，很罕见的是一个孩子对于正常成人而言，几乎没有什么听起来会像有男孩对于父亲的女性态度以及由此产生的怀孕幻想那样令人反感和难以置信。我们只能在萨克森州最高法院的法官丹尼尔·保罗·史瑞伯（Daniel Paul Schreber）出版了他的精神疾病以及康复过程的自传[44]之后，才能了无挂碍地讨论这个议题。我们从这本价值连城的书中读到，这位法官在他大约五十岁时开始死命相信上帝——清楚地显现出他父亲的特点，亦即可敬的史瑞伯医师——决定要将他阉割，把他当作女人来用，并让他怀孕生下"来自史瑞伯精神的新品种人类"[45]（他自

44 *Denkwürdigkeiten eines Nervenkranken*，1903.〔译注：英译本Schreber，D. P.（1988）*Memoirs of My Nervous Illness*. Cambridge, Mass: Harvard University Press.〕参见我对此一个案的分析（1911）。〔译注：参见英译本Freud, S.（1911）*Psychoanalytic Notes upon an Autobiographical Account of a Case of Paranoia*。〕

45 译注：参见中译本Freud, S.（王声昌译、宋卓琦审阅）《史瑞伯——妄想案例的精神分析》，台北：心灵工坊，2006年。又，史瑞伯的父亲Moritz Schreber是个医师，曾经发明不少调教小孩的特殊工具，Morton Schatzman有一本书《灵魂的谋杀：家庭中的迫害》（*Soul Murder: Persecution in the Family*，1974）对这位医师的矫治法有详细的描述。

己的婚姻没生下小孩）。他反抗神意，在他看来那是非常不公平并且"悖逆了天地万物的道理"，在此过程中他患了带有妄想症状的病，在其中缠斗多年后，只留下一点点后遗症。这位禀赋不凡的作者写下了自己的个案史，但连他自己都没料到，竟然揭露了一种典型的病因。

这种对于阉割或对于女性态度的反抗，阿尔弗雷德·阿德勒（Alfred Adler）竟把它从有机的脉络中割裂。他把它肤浅或虚假地连结到权力渴望中，并将此设定为一种独立的"男性抗议"。因为神经症只能起于两种趋势之间的冲突，那就有理由在男性抗议中看到"每一种"神经症的病因，就像在针对女性态度而来的抗议中看到的一样。这说法很正确，即男性抗议在性格形成中都扮演一定的角色——在某类人身上还扮演占比很大的角色——我们在分析神经症男性时所碰到的生猛的阻抗。精神分析对于跟阉割情结相联的男性抗议给予了应有的重视，但不接受其全知全能及其在神经症中无所不在的性质。我在分析中遇到的最鲜明的男性抗议案例，其带有所有显著反应和性格特质。在这一案例中，这位患者前来寻求治疗是因为他的强迫性神经症，在其症状中，男性态度和女性态度之间难解的冲突（阉割恐惧和阉割欲望）清楚表达了出来。在此之外，患者还发展出受虐幻想，这完全是衍生自接受阉割的愿望，而他甚至越过这些幻想而进入泛转后的真实处境中。他的整个状态就建立在——正像阿德勒的理论本身这样——对于婴儿时期固着的爱所作的压抑和否认。[46]

史瑞伯法官发现了一条康复之途，就在他决定放弃对阉割的阻抗，且将自己委身于神为他打造的女性角色之时。在此之后，他变得神智清明与安详，也能够通过疗养的过程而出院去过正常生活——唯一的一点例外，就是他每天都奉献几个小时来培养他的女性气质，且逐日精进，达到他深信是神为他决定的目标。

IV. 两份契约书

在我们这个画家故事中，值得注意的细节是他说他跟魔鬼签了两份不同的契约书。

第一份，以墨水写道：

我，Chr. H.，在此与吾主立约为其义子，为时九年。

第二份，以血书写道：

Chr. H.，我与此撒旦签约，为其义子，在九年之后，吾身吾灵俱属于他。[47]

46　〔弗洛伊德对于阿德勒的“男性抗议”作了较长篇幅的讨论，见于他在几年前写的《一个小孩挨打了》（1919）。〕

47　译注：此处的两份契约书内容和上文（第二节）显示的略有不同。在上文注脚中附有德文原文，这里的内容有一点简化，但无损于原文的意思。

当《凯旋纪念》编辑之时，以上两者的原文都说是典藏在马利亚采尔圣堂，且都记着同一年——1669年。

我已经记下好几条关于两份契约书的参考要点，现在我建议进入更细微之处，虽然正是在此处会有过度高估琐碎问题的危险。

无论是谁，会跟魔鬼签两次约都是很不寻常的，尤其在于第一份文件要以第二份来取代，而不会失去它本身的效度。此事也许对于惯熟魔鬼学材料的人来说不算稀奇。但对我而言，我只能把它当成个案本身的一个特别怪异之处，而我的疑点之所以被激起是因为我发现报告书在这一点上有不一致之故。对于这些不一致作仔细检视，就使我们在未料想到的情况下，对此个案史获得更深的理解。

波腾布鲁恩乡下神父的介绍信写得很简单明了。其中只提到一份契约书，也就是画家写的血书，九年前所写，在几天之后就是到期日——9月24日（1677年）。因此那起草日期应该是1668年9月24日；不幸的是，这个日期虽可推论得知，却未曾明确写出来。

法兰西斯可院长的证词，如我们所见，出现于几天之后（1677年9月12日），陈述的已是比较复杂的事态。我们可以假定在这段时间中，画家给出了比较准确的信息。证词说道，画家曾经签过两份契约：一是在1668年（根据介绍信，这日期应也是正确的），用黑色墨水写的，以及另一份"sequenti anno（写于次年）1669年"，用血写的。他在圣母诞辰日（9月8日）取回的契约书是血书，也就是后一份，1669 年所签。但这在院长证词中没有提及，因为他只说"应交还书契"（schedam redderet）以及"看见他递给他契约书"（schedam sibi porrigentem conspexisset），宛若讨论中的文件就只有一份。但是这确实遵循了后来的故事进展，以及遵循了《凯旋纪念》上的彩色封面页，亦即龙形魔鬼手持的是清楚可见的**红色**书契。这故事后来的进展，如我已经讲过的，是画家在 1678 年 5 月回到马利亚采尔圣堂，那是他在维也纳又经历了邪灵进一步的诱惑之后；他当时恳求能通过圣母进一步的恩宠也讨回他用墨水写的第一份契约。这到底是怎么发生的？不像第一次那样，这一情况并没有完整的描述。我们只看到"quâ juxta votum redditâ（这是根据他的祷告而得到的归还）"；而在另一个段落，编辑者说这份契约书是由魔鬼丢给画家的，"皱皱的，并裂成四片"，其时在 1678 年 5 月 9 日，约晚间 9 点左右。

无论如何，两份契约书上所签的日期同样是在1669年。

其中的不相容性，要么是无关紧要，不然就会把我们导入如下的轨道。

假若我们把院长证词当作起点，看成比较仔细的描述，我们就会直面好些个难题。当克里斯多夫·海兹曼向波腾布鲁恩的乡下神父告解说，他被魔鬼紧逼，而时限就要到了，他只能在当时（1677年）想起他在1668年所签的约，也就是第一份，用墨水写的（这在介绍信中说是唯一的一份，但却被描述为血书）。但就在几天之后，在玛利亚采尔圣堂里，他所关心要取回的却是后一份用血写的契约书，在当时尚未到期（1669—1677），而他却让第一份契约过期。后者在1678年以前没再提起——也就是说，它已经到了第十年。而且，为何两份契约书都签在同一年（1669），而其中有一份签约时间明确被归为次年（"anno subsequenti"）？

编辑者必定已经注意到了这个难题，因为他曾企图把它去掉。在他的前言中，他采用了院长的版本，但把其中一个特殊处做了修饰。他说：画家在1669年用墨水跟魔鬼签约，但后来（"deinde vero"）用血写。他由此而推翻了两份报告中都写着签约日是在1668年，也忽略了院长证词中写的年份在两份契约书中的不同。他这么做只是为了与魔鬼归还的两份文件上的日期维持一致。

在院长证词当中，"但是于次年1699年"之后有一段括号中的文字，这样写的："在此，采用了次年（下一年）而非尚未到期的年份，正如常发生在口头约定之后；因为两份书契（契约书）上所指的是同一年，其中用墨水写的一份在本证词之前尚未归还。"[48]这段文字显然是由编辑者所添补的；因为院长只看过一份契约书，就不可能说两份书契上所签的年份相同。更且，把这段文字放在括弧里也必定是有意要显示其本系添加之语。[49]这也代表了编辑者的另

48　译注：证词中的原文如下："sumitur hic alter annus pro nondum completo, uti saepe in loquendo fieri solet, nam eundem annum indicant syngraphae, quarum atramento scripta ante praesentem ' attestationem nondum habita fuit."

49　〔这段添加的文字在书写时用的字体明显小于院长证词的原文。〕

一企图，即融通不相容的证据。他同意第一份契约写于1668年；但他认为，既然这年份早已过期了（那是说9月份），画家才把年份增加了一年，使得两份书契可显示为同一年。他还提到事实上一般人常在口头上做了同样的事情，在我看来就是为他的解释之词打印上一个标记：微弱的遁词。

我无法得知，我对于这个案件的陈述是否给读者留下什么印象，让其对于这些细微的细节也引发了兴趣。我自己发现对于这整件事不可能达到任何确定的真相；但在研究这些混乱的事态时，我点开了一个观念，有利于还原整个事件的自然图像，虽然文本证据同样不能完全与此相符。

我的观点是这样的：画家第一次来到马利亚采尔圣堂时，他只提到一份契约书，依常规是用血来书写的，而契约即将到期，故签约的时间在 1668 年 9 月——这些全都正如乡下神父的介绍信里所写的。在马利亚采尔圣堂，他拿出来的这份血书，也就是魔鬼在圣母的逼迫下交还的。我们知道接下来发生了什么事。画家不久就离开圣堂前往维也纳，在那里他感到很自在，直到十月中旬。之后他又开始受折磨、见魔鬼现身，就是又看见邪灵对他上下其手。他再度觉得需要救赎，但面对着解释上的难题——为何在圣堂的驱魔赶鬼没让他获得持久的得救？如果他回来时还是一副未治愈且复发的样子，他当然不会受到马利亚采尔圣堂的欢迎。在这左右为难之际，他编造了另一份较早的契约书，是用墨水写的，因此这对于后来的血书产生干扰，听起来还颇为可信的。再回到马利亚采尔圣堂，他也取回了这所谓的第一份契约书。此后他终于被邪灵放过，但在此同时他做了别的事情，这才让我们看见他的神经症有其背景。

他的那些图画无疑是他第二次待在马利亚采尔圣堂期间所作的：全页的封面页上包括两个契约书的场景图样。他企图使编造的新故事和旧的故事相符，这就会给他一个尴尬的局面。很不幸的是他的新发明只可能是较早的一份契约而不是后来的一份。因此，他无法避免很窘迫的结果，就是他先前所得的救赎——那份血书——时间过早（第八年），而另一份——墨书——时间过晚（第十年）。而契约上签定时间的错误，暴露了经过二次编辑的故事，即误将早晚两份契约书的签约日期都说成1669年。这个错误很重要地显现出他所无意表现的诚实：它让我们得以猜出那所谓的较早一份契约实则是在较晚的时间编造出来的。编辑者显然没在1714年之前，甚至可能没在1729年之前动手编修这份材料，他必须尽可能解决这不容忽视的矛盾。他发现摊在他眼前的两份契约书，其签约日期都是1669年，他就只好诉诸遁词，也即他在院长的证词中添加的文字。

在这篇原本很吸引人的重建之作中，却可以很容易看出其中的弱点。参考文献中已经提到过两份契约书存了，一份墨书一份血书，都在院长的证词里。因此我有两个选项，一是指控编辑者窜改了证词，这篡改和他添加证词的用意紧密相关；一是坦承我也无法解开这团纠结。[50]

读者一定在很早之前就会有这样的判断：这整段讨论都是很表面的，而其中牵涉的细节也太不重要。但这件事情若能在某方向上继续追索，就会显出新意。

我刚才已经表达过这个观点，亦即画家很不悦地为他的病程所惊，所以他就编造了一份早先签过的契约（墨书），以便向马利亚采尔圣堂的神父说通他自己的状况。现在我要向读者作个说明——他们虽然相信精神分析，但不信魔鬼；还有他们也许会反对我的做法，因为向这个可怜虫（hum miserum，他在介绍信中被如此称呼）

50　这位编辑者，在我看来，也是被两面夹击。一方面他发现，在乡下神父的介绍信以及在院长的证词中皆然，其中所说的契约（或无论如何是指第一份契约）是在1668年签订的；另一方面，保存在档案中的两份契约书上，所签的日期都是1669年。由于他手上有这两份契约书，对他来说当然就是确实签过两份契约。假若（如我所相信）院长的证词只提到一份契约书，他就必须在证词中添加一笔提及另一份契约书存在的内容，用推迟日期的假设推断消除其间的矛盾。文本篡改是在他把文件添加进来之前，也只有他能在其中作任何补写。他必须在添补之时加上几个字来作连缀，即 "sequenti vero anno [但是于次年] 1669"，因为画家在那张封面页上曾经很吃力地写下（已相当受损的）说明："一年之后他……可怕的威胁以……图二的形象，误逼……用血签下契约书。"（Nach einem Jahr würdt Er...schrökhliche betrohungen in ab-...gestalt Nr. 2 bezwungen sich...n Bluot zu verschreiben .）画家说是在 "误逼" 中写下他的书契——对此误逼，我不得不在我试图解释时予以假定——在我看来显得比实际上的签约更有意思（译注："误逼" 的原文 [Verschreiben] 有一语双关之义——"签约/误笔"——这在中文翻译时碰巧也出现了。）

提出控诉是挺荒谬的。他们会说，血书和他先前所谓的墨书，都一样出自他的幻想。在现实中，根本没有魔鬼对他现身，而这整套跟魔鬼立约的事情只存在于他的想象中。这我都知道，但也明白这一点：你不能否定这个可怜的人有权为他原初的幻想提出新篇来作补充，如果事态的改变似乎有此需要。

但在此也一样，事态的进展还不只如此。总之，两份契约书的存在不像是魔鬼现身那般的幻想。那是既有的文件，根据复制者的保证以及修道院院长奇里恩的证词，保存在马利亚采尔圣堂，所有人都可摸到看到。因此我们陷入一个两难处境：要么我们假定两份据说是画家透过神宠而取回的书契，实际上是由他自己在有需要之时写的；要不就得不顾所有的严肃保证、不顾所有签字盖章的目击证人等等，我们必须否认马利亚采尔以及圣蓝伯特教堂所有神父的可靠性。我必须承认，我不愿意对神父们置疑。我倾向于认为，事实上那位编辑者，出于对一贯性的旨趣，对第一位院长的证词动过一些手脚；但是像这样的"二次增修补订"，并不超出当代历史家会使用的手法，还有，在所有事件当中，使用这些手法实皆出于善意。另一方面，可敬的神父们实际上已建立一套很好的说辞，博得我们的信赖。正如我已经说过的，没有任何条件可阻止他们对于疗愈不全或继续诱惑所作的说明。就连在教堂中进行驱魔赶鬼的场景描述，有人也许看了会觉得有点不安，但那也都是用严谨文字写下，好让你相信的。所以那些文本都没什么，要责怪的就是画家本人而已。毫无疑问他在教堂进行忏悔祷告之时，手上已握有血书契约，而后来他从与魔鬼会见中回到他的那些圣灵事件的助手们身边，把它另行拿出。[51] 那也不一定是后来在档案中保存下来的同样书契。另外，根据我们的重构，那上面所签的年份很可能是1668年（在驱魔赶鬼之前九年）。

V. 神经症的进一步发展

情况果真是如此的话，我们要处理的问题就不是神经症而是诈欺，这个画家就是骗子和伪造文书者，不是因魔鬼附身而受苦的病人。但是，就我们所知，在神经症和诈骗之间有相当易变的转渡阶段。若要假定画家已写好这份文件以及下一份，随时带在身边，我也看不出这有何困难——他在某种特殊状态下书写，类似于会见鬼见神那模样。如果他真的要让他和魔鬼立约及其获得救赎的幻想成真，实际上他没有别的路可走。

另外，在维也纳写的日记，后来在他再度到访马利亚采尔圣堂时交给那里的神职人员，上面盖着真实的戳记。它无疑可让我们对其动机有更深的洞识——或毋宁会让我们说，他在私心滥用神经症。

日记的条目所涵盖的时间是从驱魔成功后开始，直到次年，1678 年的 1 月 13 日。

51　译注：这段描述是以"圣灵事件的助手"观点来说的，并且把"手上已握有血书"和"后来另行拿出"契约血书视为同一回事，因为那些驱魔赶鬼的目击证人只是在描述他们的所见所闻，后来的报告也真实记录了这样的见闻。

到10月11日，他在维也纳都觉得很好，在那里他是寄寓于一位已婚的姐姐家；但在那之后，他又出现新的发作，有幻视、痉挛、意识丧失，还有很痛苦的感觉，这终于使他在1678年5月再回到马利亚采尔圣堂。

他的新病故事可分成三个阶段。首先，诱惑来自一位仪容得体的骑士，尝试说服他把载有允许他加入圣玫瑰园兄弟会的文件抛弃。他抗拒了这个诱惑，而同样的事情次日再度发生；只不过这事发生的场景是在一个装饰华丽的大厅，其中有高阶的绅士和美丽的仕女翩翩起舞。先前诱惑过他的同一位骑士给他的提议和绘画有关[52]，并承诺给一笔相当可观的金钱作为回报。他以祷告来使这幻视消失，但几天之后又重复出现，以更为逼人的形式。这次骑士送来的是一位坐在筵席桌边的最漂亮的仕女，来劝诱他加入他们的圈子，而他对这位诱人的美女难以抗拒。而且，更为可怕的是在此不久之后出现的幻视。他看见更为壮丽的大厅，其中有"由金饰制成的王座"。骑士们站在周围等候国王莅临。同一位一直来找他的骑士现在走近他，召唤他走上王座，因为他们"要以他为王，且永远尊崇他"。这场奢华无度的幻想结束了这一诱惑故事，第一个通透无比的阶段。

对于这些就难免会产生嫌恶之感。一场禁欲的反应由此冒出头来。在10月20日出现了一道强光，伴随着一阵声音，自称是基督，

52　这段话编者感到费解。

命令他发誓弃绝这个邪恶的世界并且在旷野中侍奉上帝六年。画家显然为此圣显而受到比先前的魔鬼现身更深的苦，这次发作持续了两个半小时后他才醒过来。在下一次发作时，有光围绕的圣显更加不友善。圣显斥责他不遵从神命，并将他引入地狱，这样他会被那些遭受天谴的人的命运吓坏。显然，这没什么效用，因为这有光围绕且自称基督者还重复出现好几次。每一次画家所经历的乃是一种**不在场**与迷狂，延续好几个小时。在最强烈的一次迷狂中，这位有光围绕的人物首先把他带到一个城镇，街上的人所干的尽是些见不得人的暗事；然后，相反地，再把他带到一片可爱的草原，其中的隐士们都过着圣洁的生活，且都受到切实的神恩神宠。在其中现身的不是基督而是圣母本身，提醒他要记得她对他做过什么，并叫他要遵从神子的命令。"由于它无法真正下定决心"，次日基督再度现身，以威胁和承诺来给他一阵结结实实的申斥。最后他投降了，决心要离开凡尘并履行他应尽的义务。以这一决心，第二阶段结束。画家声称从此之后他就不再有幻视，也不再受诱惑。

然而，他的决心似乎不够坚定，或者他一定蹉跎了太久未予执行；因为就在他的献身期间，12月26日，在圣·史蒂芬大教堂（St. Stephen's Cathedral），瞥见一位衣着潇洒的绅士伴着一位身材高挑的年轻女郎，他不禁会想让自己来取代那绅士的地位。这就招来了惩罚，而当晚他整个人如同遭到雷击。他看见自己在烈焰当中，昏死过去。有人企图唤醒他，但他在房间里满地打滚，直到有血从他的嘴巴和鼻子里冒出来。他觉得自己被热火和腥臭包围，并且他听见声音对他说道，他陷入如此状态，是作为对他那些虚矫无聊思想的惩罚。之后邪灵鞭打他，并告诉他，此后每天都会受到这样的折磨，直到他下定决心加入修院为止。这些经历一直持续写到日记的最后一篇（1月13日）。

我们看见这位不幸的画家先有受到诱惑的幻想，接着是他的禁欲幻想，之后来的是惩罚幻想。这场受难故事的结局，我们已经知道了。五月里他到了马利亚采尔圣堂，说了较早的墨书契约故事，他把他持续受到魔鬼折磨的事归因于此，之后他也要回了这份契约，并且得以病愈。

在他第二度待在圣堂期间，他创作了那些拷贝收在《凯旋纪念》里的图画。接下来的一步符合日记中禁欲期的要求。他实际上没到旷野中变成一个隐士，而是加入了慈善修士会：religiosus factus est（成为真正的宗教人）。

读过这份日记，我们得以洞穿到此故事的另一部分。我们应该记得，画家会跟魔鬼立约是因为在他父亲死后，他沮丧失意以致不能工作，他为营生而烦恼。这些因素——忧郁、工作抑制以及对父亲的哀悼，在某些方面都是互相牵连的，不论是以单纯的或以复杂的方式。也许见鬼挂满乳房现身，是因为邪灵要来成为他的养父。这个希望没有实现，所以画家持续陷入低潮。他没办法工作，或是他运气不好，没受到足够营生的雇用。乡下神父的介绍信里说他是"这个全然无助的可怜人"（hunc miserum omni auxilio destitutum）。因此他不仅陷入道德的困境，还受苦于物质上的需要。在他的（日记中）对于后来的幻视所作的说明，我们发现处处可见的附注表明——也正如场景描述的内容中显示着——就算有第一次成功的驱魔赶鬼，他的处境实际上没发生任何改变。我们这才知道这个人实际上已失败到一无是处，因此没有人会信任他。在他的第一次幻视中，骑士问他"到底想做什么，既然已经没人跟你站在一边"。在维也纳的第一串幻视中，完全符合一个穷汉子一厢情愿的幻想，沦落在世界的底层，渴望获得享乐：华丽的大厅，高级的生活，银制餐具的服侍，漂亮的女人。我们在此发现他跟魔鬼的关系中所缺的一切都得到了弥补。他陷入了忧郁症状态，他无法享受任何事物，也逼得他拒绝任何迷人的东西。在驱魔赶鬼之后，忧郁症似乎得以缓解，于是一切凡俗的欲望又活跃起来。

在他的禁欲幻视当中，他向他的引导者（基督）抱怨，说是没有人对他有任何信任，因此他才没办法让那些施之于他的命令得以兑现。但他得到的回答，很不幸的，我们听来相当难懂："虽然他们不会相信我，然而我很清楚发生了什么事，但我不能宣布。"不过，其中特别能带来启发的乃是这位天界的向导给了他一些隐士的体验。他走进一个洞穴，其中有位老人已经坐在那里六十年，而在回答他的问题时，他也知道这位老人每天都由神的天使喂食。然后他自己看见天使如何把食物带给老人："三盘食物，一条面包，一块面饼，以及一些饮料。"在隐士吃完后，天使把所有东西收拾带走。我们可以看到这虔诚的幻视给了画家什么诱惑：那是用来招引他接受一种存在模式，在其中他可以不愁吃穿。在最后这个幻视中，基督对他开口说话，也很值得注意。基督一顿威吓，说如果他不能证明自己的乖顺，就会有事发生，让他和人们不得不信服（于此）[53]，之后基督给了他直接的警告："我可以不顾别人；就算他们会迫害我，或不给我帮助，上帝也不会遗弃我的。"

克里斯多夫·海兹曼足足是个艺术家以及世界之子，他发现自己很难放弃这个充满罪恶的世界。然而，以他所处的无助地位来看，他最终还是听从了。他进了修会。以此，他的内在挣扎和他的物质需求终于获得了结。在他的神经症中，此一结果反映在事实上就是由于取回了所谓的第一份契约书，他的痉挛与幻视都不再发作。实际上他的魔鬼学疾病在这两部分[54]都有同样的意义。他所要的就单纯只是让他能平安度日。他先尝试经由魔鬼之助来达成此目的，但其代价就是不能得到救赎；当此途径失败，必须将其放弃时，他转而向教士求助，而代价就是会失去自由以及生活上可能有的享乐。也许他自己就是个运气很糟的可怜鬼（poor devil）[55]；也或许他是太没效率、太没才能以致无法营生，还有他就是那种会被人称做"一辈子吸奶的人"（eternal sucklings）——没办法让自己从母亲那至福的乳房脱离，只能一辈子靠别人来喂养。——如此这般，在他的病史中，他走了一条道路，从他的父亲，经由魔鬼之为父的替身，直到教会里那些虔敬的神父。

如果只经由表面观察，海兹曼的神经症看起来就像一场化装舞

53　〔括弧中有一德文"Daran"（于此）。〕

54　译注："这两部分"是指上述的"内在挣扎"和"物质需求"。

55　译注：这个"鬼"不是大写，所以不用称为"魔鬼"。

会，但底下一层却是一场肃杀的，也很常见的，生之挣扎。事实虽然并不总是如此，但也少有例外。分析师常发现，治疗对"虽然在其他方面都很健康，但有些时候会出现神经症征象"的生意人，很难起效。他在业务上碰到的灾祸让他觉得自己受到了威胁，于是神经症作为副产品出现，这就让他便于利用症状来隐藏他在真实生活中担忧的事情。但在此之外，他的神经症不带有任何有用的目的，而他在此所耗尽的力气，如果用来理智地处理险境，对他会更好些。

在大多数的案例上，神经症具有更多的自发性，也更能独立于自我保存和自我维护的兴趣之外。在造成神经症的冲突中，利害攸关的要么是纯粹的力比多（libido）[56]兴趣，要么是和自我保存兴趣有密切关系的力比多兴趣。在所有三种例子中，神经症的动力皆相同。在现实中无法得到满足的被蓄积起来的力比多，经由退行至早期的固着这一助力，会成功地通过压抑的无意识找到释放之途。患者的自我既然能从此过程中获取"因病得益"（gain from illness），就会为神经症打气，虽然从经济论面向来看，毫无疑问这是有伤害的。

假若画家的物质需求没有迫使他强化对父亲的渴求，那我们这位画家的生活窘境，也不一定会引发一场魔鬼学神经症。在他的忧郁症过后，在魔鬼也被赶走之后，他无论如何还是得面对一种天人交战的

56　译注：libido是弗洛伊德使用的特别术语，也许可译为"原欲""欲力"，但未必尽意。我们在此采用"五不翻"原则（出自唐代的玄奘），只用音译"力比多"。

挣扎：在力比多的生活享乐及意识到自我保存兴趣所必须做出的欲望弃绝之间。有意思的是，一方面，我们看见画家意识到这两部分病情之间的统一性，因为他把两者都归因于他和魔鬼所签的契约上；但另一方面，他在邪灵所为和神迹力量之间没办法做出清楚区分。他对两者的描述只能有一套黔驴之技：两者都是魔鬼的显现。[57]

57　译注：这意思是说，对于神灵和魔鬼，我们这例个案无法区分"灵界 / 魔界"，
　　而只能一概视为魔界的显现。

第二篇

哀悼与忧郁

Mourning and Melancholia

梦，可视为我们常人生活中自恋症的初型（prototype）[1]，我们现在就要给其中的忧郁症（melancholia）[2]本质上点光，通过将其与常人的哀悼（mourning）[3]情感做个比较。但这次，我们一开始就得先声明，同时也作为警告，希望对于我们的结论不要高估其价值。忧郁症，即便在描述性精神医学中，其定义也不固定，在临床上则会以好几种形式出现，所以把它们全部兜在一起成为单一的整体，看来也无益于建立其确定性；而其中有些形式毋宁说是身体上的情感，而非心因的（psychogenic）情感。我们的研究材料，除了那些对每个观察者都公开的印象，是限定在一小群病例上，而他们的症状无疑都带有心因的本质。因此，我们打一开始，就应放弃对此结

1　译注："Prototype"是指任何事物的初始（原始）形态。为了跟"原型"一词有别，这里采用的译名是"初型"。

2　译注："Melancholia"可译为"忧郁"或"忧郁症"，视其文脉而定——大抵上，指称一般人的情感状态时用前者，特指神经症时用后者。

3　译注：本文原标题中的"Trauer"，在德文中可指哀悼的情绪，以及悼念的行为（吊丧）。英译为"mourning"后，与中文"哀悼"一样，只指前者。

论作整体效度的宣称，而对我们自己可堪告慰的是，反思再三，以我们今天所掌握的探究方法来说，我们很难不发现一些典型的案例，就算不能把它说成一个心理失调的大类，至少在一群人当中是说得通的。

忧郁症与哀悼这两者之间有相关，似乎可用这两种情况的一般图像来作为理由。[4] 而且，由环境影响而激发的病因，至少在我们可以鉴别的程度内，这两种情况具有共同点。哀悼通常是对于失去所爱者的反应，或者丧失了可用以取代人的抽象物，譬如失去国家、失去自由、失去理想等。在某些人身上，同样的影响会产生忧郁症而不只是哀悼，我们因此会怀疑他们有病态倾向。同时很值得注意的是，虽然哀悼中包括严重地背离正常的生活态度，我们却绝不会将此视为病态，并把它交付医疗处置。我们信赖它本身在一段时间之后就会自行克服，并且我们认定任何对此的干预都毫无用处，甚至有害。

忧郁症的区别性其心理特征乃是心灰意冷的沮丧，对外在世界的兴趣完全停止，丧失爱的能力，抑制所有的行动，并且把自我关爱降低到以自责、自贬为出路，甚至逼出了期待受惩罚的妄想。这幅图像会变得比较容易看懂，当我们推敲发现哀悼具有这些相同的

4　亚伯拉罕（Abraham，1912）对我们最重要的贡献，是在此题材上提供了一点分析研究，他也将此比较作为他的研究起点。〔事实上弗洛伊德早在1910年或更早之前就做过这样的比较。〕

特质，除了一个例外。对于自我关爱的困扰不会在哀悼中出现；除此之外，其他各方面都是一样的。深刻的哀悼，即对于失去所爱者的反应，包含着同样痛苦的心灵架构，同样失去对外在世界的兴趣——至少在世界尚未重新召唤他之前——同样失去接受任何新爱对象的能力（这意味着替代他），也同样转离了所有与对他的思念无关的活动。这很容易看出，这种对于自我的抑制与局限，是一种彻底陷入哀悼之中的表现，容不下任何其他的目的或兴趣。只因为我们确实知道要如何解释这种态度，因此才不会把它看成病态。

我们也应该将此视为适当的比较，即将哀悼的心情称作一种"痛苦"。当我们予以痛苦的经济论（economics of pain）[5]定义时，我们也许能明白这么做的理由。

那么，哀悼所表现的这种机能到底存在于何处？我不认为下述说法有任何过当之处。现实考验（reality testing）可显示出：所爱的对象已经不存在，然后就会有要求，应该把所有依附在该对象中的力比多撤回。这样的要求可想而知会激起反对——这是在整体观察中看到的：人就是不会心甘情愿地放弃一个力比多的立足之地，甚至在一个替代物正向他招手时依然如此。这样的反对可以强烈到完全转离现实，并以一种一厢情愿的精神病幻觉为媒介，死抓着对

5　译注：弗洛伊德曾在多处使用"经济论"一词，不是指财务、会计、金融等范畴中惯常的用法。要而言之，他的意思是就有机体而言，指某种能量（即力比多）的交易和收支平衡关系，在此，财务问题的处理反而形同它的比喻。

象不放。[6]在正常的情况下，会尊重现实才能过日子。然而有时现实的命令在当下无法遵守。执行的行为点滴累积，即令要大量付出时间和发泄精力，而在此同时，失去的对象就会延长其存在。力比多与对象相依附的任何一小片记忆或期待，会被带出来并高度投注，这时为了针对它，就会完成力比多的脱离。[7]在这种妥协中，仍然会点点滴滴地遵从现实的要求，但为何这样就会造成极度痛苦，也很难以经济论来做解释。非常值得注意的是：其中的痛苦的不悦，在我们看来是理所当然。然而，事实上，当哀悼的工夫[8]完成时，自我就变回自由之身，也不再受到抑制。[9]

现在我们就把从哀悼中学到的东西运用于忧郁症上。在一组案例当中，忧郁症很显然也是对于失去所爱对象的反应。在其激发原因相异之处，人们看得出来，此种丧失的对象属于比较理想的那类。对象可能并未真正死去，但因为已经不再是所爱的对象而转变为丧失（譬如一个被抛弃的已订婚女子）。还有其他的案例让人觉得有理由相信这种丧失已经发生，但却不太清楚到底失去了什么，

6　请参阅前一篇文章〔译注：指的是《梦的后设心理学》（*The Metapsychology of Dreams*, 1917，1925）〕。

7　〔此一想法在《歇斯底里的研究》（1895）中已经出现：此一过程类似于弗洛伊德开始讨论Elisabeth von R.小姐的个案之时。〕

8　译注：这里说的"工夫"，原文作"work"，当然是指某种"工作"，但汉语传统中有个更合适的字眼，譬如在"存养工夫"中所谓的"工夫"。此词在弗洛伊德著作中是个基本的关键词，值得我们以更接近汉语的用法来理解。

9　〔关于这一过程的"经济论"的讨论，会在下文出现。〕

因此可以合理地假定这位患者自己对于失去了什么也无法很有意识地觉察。事实上，即使患者确实意识到何种丧失导致他的忧郁症，也是如此，但只在这个意义上，即知道他失去了**谁**，而不知道在这人身上失去了**什么**。这就暗示了忧郁症在某方面和从意识中撤离的对象丧失有关，与哀悼不同，哀悼中没有任何与丧失有关的东西是无意识的。

在哀悼中，我们看见抑制现象以及兴趣丧失，这些都完全可由自我全力投入的哀悼工夫来解释。在忧郁症，未知的丧失会导致类似的内在工夫，因此就会是忧郁性抑制的导火线。其间的差别在于忧郁的抑制在我们看来扑朔迷离，因为我们无法看出，到底是什么东西把他卷入得这么深。忧郁症除了表现出在哀悼中所没有的东西，还有某种其他东西——对于自我关爱产生超常的贬抑，自我变得极度贫乏。在哀悼中，是世界变得空洞匮乏；在忧郁症中变得如此的却是自我本身。患者表现出他的自我没有价值，成事不足败事有余，在道德上卑鄙不堪；他责骂自己，贬低自己，期待自己被人遗弃或受到惩罚。他在每个人面前表现得很卑微，也为了自己的亲人和他自己这个不值得的人有关，而觉产生怜悯。他不觉得自己发生了什么变化，反倒是回头数落自己过去的不是；他宣称自己从来不曾好过。这幅自卑妄念（主要是道德上）的图像还会加上夜不成眠、没有食欲，以及把本能完全颠覆（这在心理上非常引人注意），本能迫使一切生物依附于生命。

从科学和心理治疗观点看来，同样会毫无结果的，乃是驳斥带来这么多自我控诉的患者。他在某方面一定是对的，并且他也正在描述某些在他看来就是那样的东西。我们实应当下毫无保留地肯定他所说的一些话。他是真的兴趣缺失，没能力去爱人或做出事来，正如他所说。不过，我们知道，那些都是次要的；是某种内在工夫的效应，把他的自我耗尽——这种工夫是什么，我们不知道，但知它可与哀悼的工夫相比。在我们看来，他在某些方面对自己的控诉是有理的；他比起那些不忧郁的人只不过是眼光更尖锐，可以看透真相。当他在高涨的自我批评当中，他把自己描述为卑鄙下贱，以自我为中心，不诚不实，缺乏独立，他的目的都只在掩饰自己本性中的弱点等。这些也许都是对的，至少以我们的所知而言，他可能已经相当接近于自我理解；我们只是很惊讶：为什么一个人必须患病才能接近这种真相？因为毫无疑问的是，假若任何人持有并表达对他人坚持表示对自身的这种看法（就像哈姆雷特对自己和其他所有人所持的看法那样[10]），他就是病了，不论他说的是真相，还是他或多或少在对自己不公平。同时也不难看出，以我们目前能做的判断来说，在他的自贬程度和真正的辩护之间，并不相符。一位好好的、能干的、本着良心的女性，在发展出忧郁症之后，谈及自己时，总比不上一个事实上一文不值的人；事实上，前者也许比后者更有可能陷入疾病之中，而对于后者，我们实在也没什么好话可说。最后，很令我们惊奇的是，忧郁症患者的行为无论如何都有不

10　"照每个人的名分去对待他，那么谁还能逃得了一顿鞭子？"（《哈姆雷特》第二幕第二景）。——译注：弗洛伊德在此引用了莎士比亚。此句的翻译是根据朱生豪译本（中英对照版，104页）。但原文的意思更应该是这样："给每个人一份甜点之后，谁能因此就躲过一顿鞭子？"

同的表现，与以正常形式被悔恨与自责压垮的人不同。在他人面前感到羞愧是最为常有的特征，但忧郁症患者就不是如此，或至少在他们身上并不显见。你可以强调他们身上带有完全相反的特质，就是他们坚持的言说方式，好似颇以自我暴露而自满自得。

因此，最重要的事情，并非忧郁症患者悲切的自贬是否得当，亦即他的自我批评是否呼应了别人对他的看法。要点应该在于他所给出的，对于自己的心理状态而言，正是恰当的描述。他丧失了自尊，而他对此必定很有理由。实际上，我们随之面对的就是一场矛盾，其呈现的难题真的难以解决。用哀悼来做类比，我们对他得出的结论就是：他看来是因为丧失了对象而受苦，但他告诉我们的却显示出他所丧失的其实是他的自我。

在进入这场矛盾之前，让我们暂先立足于一个关于人类自我构成的观点，其由忧郁症患者所提供。我们在他身上看见他的自我有一部分如何在跟另一部分作对，严苛地评判它，宛若把它当作自己的对象。我们怀疑那个在此是从自我中分离出去的评判的执行机制，可能在其他情况下有其独立性，这被进一步的观察所确认。我们应该找出确实的根据来把这机制从自我的其他部分区分开来。我们所渐渐熟悉的，这个机制通常叫做"良心"。我们应该把它和其他的意识审查，以及现实考验，都算作构成自我的主要体制，而我们会找到证据来看出它会因为自身而病。在忧郁症的临床图像中，以道德为基础对自我的不满乃是其最为突出的特征。患者较少关注的自我评价是身体衰弱、丑陋或羸弱，或者社会地位卑下。在这类范畴中，占据了最显著地位的，只是他的恐惧以及对自己日渐贫乏的断言。

有个一点也不难得出的观察结果，可用来解释上一段提及的矛盾。你若耐心倾听一个忧郁症患者诸多不同样貌的自我控诉，最终必将发现，那些来自患者最严厉的控诉几乎完全不适用于其自身；然而，只需做些微的调整，你就会发现这些控诉实则完全适用于另一个人，即那个患者之所爱或曾经爱过或应当去爱的他者。这种猜测，每每在检视那些事实后得到验证。因此我们找到此一临床表现的症结所在：我们注意到，患者的自我责备，实则原是针对所爱之对象的责备，现在转向了患者的自我。

一个女人会以怜悯的口气大声说自己的丈夫竟同她这么无能的妻子绑在一起——无论从何种意义来理解，她真正想要控诉的，实乃其**丈夫**的无能。一些真实的自我谴责之意，散布在其中，以移调的方式移回自身，我们实在无须大惊小怪。这些谴责允许被强加在自己身上，只是为了帮助蒙蔽他人，使得其内心的真实状态不可能被人识破。进一步说，自我谴责源于爱所带来的**利弊**冲突，而正是这冲突导致爱的丧失。此时，患者的行为也变得更易于理解。他们的抱怨（complaints）中蕴含着的"怨"（plaints）正是该词最原始的意义。他们不觉羞惭，且一点也不加掩饰，因为他们所有损己的言辞实际上都指向别人。此外，他们对于周遭的人绝不会表现出耻辱与驯服的态度，因为那种态度只适合那些毫无价值的人；相反地，他们把自己变得讨人嫌，看来就好像他们时常感到自己被蔑视，或受到不公平对待。这一切之所以可能，是因为他们的行为中的反应仍旧由一系列反抗所驱动；然而接着，经过某种过程，他们的状态就会过渡到下一个毁灭性的阶段——忧郁。

要重建此一过程并不困难。其中的对象选择，意即力比多所依附的特定对象，曾一度存在过；接着，由于那个所爱者的回应是真实的藐视或失望，这个对象关系（object-relationship）[11] 也在此被击碎。其结果并非按照常理，患者将力比多从对象上撤回，并置换于一个新的对象关系上；而是某种不同的事物，这一事物的到来需要必要的条件。结果证明，对象贯注毫无阻抗之效，并且会被终止。但那些重获自由的力比多还未被置换到新的对象上，而是被撤回到自我。这些自由的力比多并未以任何非指定的方式受到利用，而是用来以被抛弃的对象建立自我的**认同**（identification）[12]。就这样，对象的影子投射在自我之上，而自我就此受到某个特殊机制的审判，就仿佛这个机制变成了对象，那个被遗弃的对象。以此方式，对象的失落转变为自我的丧失，而自我与所爱者之间的冲突则转变为一道裂缝，其介于自我批判行动与因认同而发生转变的自我之间。

关于这类过程的前置条件及其后效的话，有一两件事情可以直

11　译注："对象关系"正是object-relationship的恰当翻译。这也是第二代精神分析开展出"对象关系理论"（object relations theory）的起点。对于此一用语的翻译问题，请参阅译者导读。

12　译注："认同"一词适用于翻译 identification，但用来译 identity 就会造成语义淆乱的后果。

接由此推论出来：一方面，对于所爱对象的强烈固着必定已经呈现；另一方面，与此恰恰矛盾的是，这对象贯注必定没什么力量可用作阻抗。正如奥图·峦克（Otto Rank）曾经精要地写道：这个矛盾似乎意指对象选择在自恋的基础上建立，因此当障碍挡在前面时，对象贯注就可以退行到自恋中。于是，与对象的自恋认同可成为情欲贯注的替代物，而其结果乃是：虽然与所爱的人颇有冲突，但其中的情爱关系则无需放弃。这种由对象爱而产生的认同所形成的替代作用乃是自恋情愫中的一个重要机制，卡尔·兰道尔（Karl Landauer，1914）最近已在精神分裂症患者的康复过程中指出这点。当然，它所代表的是从某一类的对象选择**退行**到原初的自恋。我们曾在他处表明，认同是对象选择的预先阶段，亦即第一条途径——以模棱两可的方式表现——借由此途，自我选出一个对象。自我想要把这对象包含到自我本身中，并且配合自身力比多发展的口腔期和同类相食期，他想要以吞噬对象来获得。亚伯拉罕将此关联到严重忧郁症对营养物所采取的排斥形式，他的说法正确无误。

我们的理论所需的结论——会得忧郁症的倾向（或此倾向中的某部分）位于对象选择自恋型的优先性——很可惜尚未得到观察的证实。在本文的开头之处，我承认此研究所凭以建立的经验材料尚不符合我们的所需。如果我们能肯定在观察结果与推论所得之间具有一致性，我们当能毫不犹豫地将这种从对象投注到尚在力比多自恋口腔期的退行，包含在对忧郁症的描述之内。对于对象的认同在传移神经症（transference neuroses）中也并非罕见，事实上，那是一种众所周知的症状形成机制，尤其是歇斯底里症。

不过，通过自恋认同与歇斯底里认同这两种认同之间的差异，也许可以看出：当前者的对象投注被放弃时，后者则仍保留并持续显现其影响力，虽然通常都仅限于某些各自分离的活动和神经支配上。无论如何，在传移神经症上也一样，认同所表达的就是，有某种相同的东西，这可能指向爱情。自恋认同是两者中较为老旧的一种，它为理解歇斯底里认同铺好了路，后者更少有人做过彻底的研究。[13]

因此，忧郁症有一些特征是向哀悼借来的，另外一些则是由自恋对象选择朝向自恋症的退行而来。一方面，它像哀悼一样，是对于所爱对象的真实丧失而生的反应；但在此之上，它的决定因素显然是正常哀悼所没有的，而若有的话，也已是把后者转换成病态的哀悼了。所爱对象的丧失乃是个绝佳的机会，让情爱关系中的模棱两可情状显现其效，并走上台面。只要其中有强迫性神经症（obsessional neurosis）的倾向，由两可情态中所生的冲突就会向哀悼作病态的投注，强迫它表现为自责，以致让哀悼者把对象的丧失指责为自己的过失，换言之，就是他情愿如此。在所爱者死亡后随之而来的忧郁症中，会有强迫性神经症的倾向，其显示了在没有力比多退行的吸引时，源于两可情态冲突自行可以产生的东西。在忧郁症中，会引发为病的事件可大部分扩延到显然超出死亡所带来的所失，且会包含所有让他受到奚落、忽视，或让他失望的情况，其

13　〔整个"认同"议题，弗洛伊德后来作了翔实的讨论，见其《群体心理学》第七章。至于歇斯底里认同，在《释梦》一书中出现最早的说明。〕

可将爱恨交加的情感输入对象关系中，或者强化本已存在的模棱两可。这种来自两可状态的冲突，有时更多是由真实的经验而来，有时更多是由构成性因素而来，但对于忧郁症的前置条件来说，都不可忽视。如果这对于对象的爱——是一种不能放弃的爱，即使该对象已然被放弃了——采取自恋认同作为避难所，则其中的恨就会朝着替代的对象发作，虐待它、贬低它、让它痛苦，然后从其痛苦中衍生出虐待狂式的（sadistic）满足。忧郁症中的这种自虐，无疑是很让自己享受的，恰恰与强迫性神经症中的现象相似，暗示了和对象有关的虐待狂（sadism）与恨意[14]趋向的满足，它们现在却转回到患者本身，而其方式就是像上文所讨论的样子。在这两种病态失调中，患者透过自我惩罚之途，仍会迂曲地成功达成向原来的对象报复，并且以其病来折磨其所爱，以此诉求来避免对该对象直接表现敌意。总之，那个引发患者情绪失调的人，也是此病状所集中投向的人，通常就在他邻近的周遭环境中。忧郁症患者关于对象的情欲投注因此而遭逢了两种起伏周期：其中一部分退行到认同，而另一部分，在起于模棱两可的冲突影响下，已被带回到虐待狂的阶段[15]，更接近于该冲突本身。

14　此两者的区别，请参阅我的论文《本能及其周期兴衰》。

15　译注：对于"虐待狂的阶段"，有一个来自文艺复兴时期的描绘，不无可能是启发了弗洛伊德的洞识，因为弗洛伊德曾经仔细研究过〔这幅画见右图，达·芬奇作品《圣母子与圣安妮》局部，取自弗洛伊德《达·芬奇的童年回忆》（1910）〕。

单就是这种虐待狂，解开了让忧郁症引人关注（也极其危险）的自杀倾向这个谜团。自我对于自己的爱是如此深厚，我们必得承认它本系人的原初状态，而本能生活循此前进；自恋力比多的能量是如此巨大，我们看到它在生命受威胁时产生的恐惧中释放出来，我们简直不能理解自我怎会这般同意它对自己的毁灭。我们早已知道，确实是这样，没有一个神经症患者的自杀念头不是从对于他人的谋杀冲动转回来对付自己的，但我们从来没办法解释，到底是怎样的力量在交互作用中竟能把这样的目的直带上执行之途。对于忧郁症的分析现在已能显现，只有透过对象投注的翻转，自我才能杀害自己，当它能对待自己如同对待一个对象物那般——假若它能把跟对象有关的敌意导向自己，而这敌意所代表的原本是自我对于外物的反应。[16] 于是，从自恋对象选择的退行中，对象其实已经被摆脱，然而可证明它的力量已经大于自我。在两种对立处境中，即最强烈的爱与自杀之间，自我已被对象压倒，虽然各自有其完全不同的方式。[17]

至于我们提过的忧郁症有一项特别惊人的特征，即特别明显的恐惧：害怕自己变得贫乏。这有个可取的假设，就是它乃由肛门性欲衍生而来，而此一性欲已脱离其最初的脉络，且以一种退行的意义转变为此。

---

16 请参阅《本能及其周期兴衰》。

17 〔晚期关于自杀的讨论，在以下著作中可发现：《自我与伊底》第五章；《受虐狂的经济论问题》最后几页。〕

忧郁症还另以其他难题直面我们，而其答案有一部分会逸出我们的理解范围。事实就是它在过了一段时间之后消失了，没有留下任何显而易见的痕迹，这是它与哀悼所共有的特征。我们透过解释发现，在哀悼中需要时间，好让现实考验的命令可以仔细地逐步实施，而当此工夫完成时，自我就能成功地让力比多从失去的对象上解脱。我们可以想象，在忧郁症持续过程中，自我也被类似的工夫所占据；然而对此两者，我们都无法看透整个事件过程中的经济论。忧郁症者的失眠证实了此状况中的严苛程度，就是不可能有效地抽引睡眠所需的一般投注。忧郁症情结的行为就像个开放的伤口，把投注的精力引向自己——这在传移神经症中被称为"反投注"（anticathexes）——从四面八方吸噬过来，直到自我被掏空到彻底贫乏。这很容易证明是对自我的睡意的阻抗。

也许有个不能以心理学来解释的体质因素，晚上发生的情况被有规律地改善，从而使其显现。这样的推敲会带出一个问题，即是否与对象无关的自我的丧失——打向自我的是纯粹自恋的一击——并不足以生产出忧郁症的图像。还有，直接来自毒素的自我力比多的贫乏化，是否不能产生这种疾病的特定形式。

忧郁症最为显著的特征，也是最需要解释的一点，乃是它有个会循环演变为躁狂症（mania）的倾向——这正好是其症状相反的状态。就我们所知，这并不是每一个忧郁症患者身上都会发生的。有些病例会周期性出现病程，而在这中间，躁狂症的征象可能完全阙如，或只是很轻微。其他病例则会显现忧郁症与躁狂症规律性的变化周期，这就会导向循环病态的假设。如果不是精神分析方法可以成功地找到治疗方法并有效地在治疗上改善病情——正是在好些这类病例上，你可能会轻易地把这看成非心因性的病例。因此，把从忧郁症中分析得来的解释扩展到躁狂症，这不仅是可取的，也是可靠的。

我不能担保这种尝试会完全令人满意。这种可能性甚至还无法在踏出第一步之后继续往前多走几步。我们可以采取两点来前行：第一点是精神分析的印象，第二点也许可称为经济论一般经验。关于印象的部分，已经由好几位精神分析研究者写出来，即躁狂症与忧郁症在内容上没有什么不同，两种失调都是在跟同样的"情结"角力，但忧郁症中的自我也许已屈从于该情结，而躁狂症则是在掌控它或把它推开。我们的第二点是基于观察，即所有类似于欣喜、得意、胜利的状态都是躁狂症的正常模型，都仰赖着同样的经济论条件。在此所发生的是，作为某些影响力的后果，长期以来所维持和习惯性发生的精神能量的大量支出，至此终于变得没必要了，于是就有多种运用与释放的可能性——譬如，当某个可怜虫获得了一大笔钱，突然不必为每天的面包发愁时，或当一阵漫长又辛苦的奋斗终于赢得成功时，又或者当一个人发现自己可以一举甩开某些压迫力，或某种必须长期守住的虚假地位之时，等等。所有这些处境的特征就是精神高涨、欢欣情绪释放的征象，以及磨刀霍霍准备要有所行动——正如在躁狂症之中，以及恰恰与忧郁症中的沮丧和抑制相反。我们可以大胆认定，躁狂症不过就是这类的胜利，只是自我在此所超越的以及正在战胜的东西，自我也不晓得那是何物。酒醉属于这类状态，似乎（至少属于高涨的一类）可用同样的方式解释；此处也许压抑中消耗的能量被毒素所暂停。一般流行的看法认为，此类躁狂症状态中的人会从运动和行动中寻找欢欣，是因为他"很高兴"。这种虚假的关联必须予以更正。事实上，上述之人就其精神的经济论状况而言，是十分充裕的，这才是他为什么一方面会精神高涨，另一方面在行动上又是如此没有分寸之故。

如果我们把以上两点放在一起，我们能看出的就是这样：在躁狂症中，自我必定已经超克了对象的丧失（或是超克了对失去对象的哀悼，或是超克了对象本身），因此整套反投注的额度（就是忧郁症的痛苦从自我之中抽回自身的那些）及其"反弹"就都变得可用了。此外，患躁狂症的人明白表现了，通过像个饥渴的人一样寻求出新的对象投注，他从对象中解脱出来，而那本是他受苦的原因。

这样的解释，听来固然可取，但是一来它显得太不确定，二来它引发了更多新问题与疑惑，不是我们可以回答的。我们不会逃避讨论，即令我们不期待能够就此导向清晰的理解。

首先要谈的是正常的哀悼，它也克服了对象的丧失，而当哀悼持续时，它也把自我的能量吸噬殆尽。那么，为什么在通过此一过程之后，没有在经济论条件下露出一点点胜利的阶段？我觉得对此反对意见不可能直接回答。这也把我们的注意力引向一个事实，即我们甚至不知道完成哀悼工夫所凭借的经济论手段是什么。不过，很可能，有个猜测对我们会很有帮助。显示出力比多所依附的已失对象的每一次的回忆与对情形的期待片段，经由现实判定，该对象再也不存在了；而自我呢，它直面这样的问题，即它是否会有同样的命运。而自恋性满足的总量——它从活着这一状态中所得到的——就会说服它，切割掉它对已被抛弃的对象的依附。我们也许可以假定这种切割的工夫是缓缓执行的，以至到了完成的时间，其所需花费的能量也已消耗殆尽。[18]

由这样哀悼工夫的猜想开始，由此来试图说明忧郁症的工夫，此一行为是诱人的。我们在此一开头就碰上不确定性。到目前为止，我们几乎还不曾以地形学的观点[19]来推敲忧郁症，也没问过我们自己：是在什么样的心灵系统之内/之间，让忧郁症工夫得以进行？是此疾病中哪一部分的心灵过程的发生，仍然与被放弃了的无意识对象投注有关？以及哪一部分与自我中透过认同而产生的替代物有关？

给个快捷简单的回答，就可说是："对象之无意识的（事物的）呈现（thing-presentation）[20]已被力比多放弃。"不过，在现

18　经济论的观点一向未受精神分析文献的青睐。我要提一个例外，就是维克多·陶斯克（Victor Tausk, 1913）的论点：压抑的动机受到补偿而降低其价值。

19　译注：地形学的观点就是指弗洛伊德先前所建立的"意识/前意识/无意识"这个有如地形学图志的理论观点。

20　译注：弗洛伊德在《无意识》（1915）一文中分析无意识对于经验的登录，分为两种呈现方式：事物的呈现（thing-presentation）与字词的呈现（word-presentation）。

实中，这种呈现方式是由无数细微的印象（或这些印象的无意识迹象）所组成，而力比多的这种撤回过程并非顷刻之间即可达成，而必定是像哀悼那样，在漫漫长路上逐步前行。究竟那是由好几点同时开拔，或是遵循某种定型的顺序，这很不容易确定。在分析中显而易见的是，当第一个记忆出现，随之就会启动另一个，其中的哀怨听起来总是一样，同样单调，令人厌烦，然而其出现每次都是源自不同的无意识。若果对象本身对于自我不具有这么重大的意义——这种意义是被数以千计的联结所强化的——那么，其丧失也不属于哀悼或忧郁症的成因。因此，这种将力比多点点滴滴脱离的特征，须同样归于哀悼与忧郁症才对；很可能这是由同样的经济论处境所支持，并且在两者中都以同样的目的服务。

只不过，如我们之所见，忧郁症所包含的东西比正常哀悼多了一些。忧郁症中与对象的关系很不简单，源于模棱两可的冲突将其复杂化。这种模棱两可或者来自精神结构的（constitutional）[21] 因素，亦即每一次情爱关系中由这个特殊的自我所形成的因素，不然就正是来自那种会牵涉到对象丧失的威胁体验。根据这个道理，忧郁症的促发原因就要比哀悼来得广泛得多，后者大部分都是由于对象真正的丧失，即其死亡。由此，忧郁症在对象上产生了无数各自发生的挣扎，其中爱恨交加；一些要让力比多从对象中脱离，另一些则反对攻击，死命要让力比多留在原处。这些各自发生的种种挣

21　译注："constitutional"一词虽然常可指"体质上的"，但在此上下文中完全没有这个意思，因此较准确的译法应是"精神结构的"。

扎，其所在场所除了是Ucs（无意识）系统之外别无他处，即**事物**记忆轨迹所在场所（与字词**投注**相对而言）。在哀悼中也一样，要把力比多撤离的努力就发生在这同一个系统中；但在其中这些过程是沿着正常的途径Pcs（前意识）到达意识，这中间没有碰到任何障碍。然而在忧郁症的工夫中，这条途径滞碍难行，也许是由于种种原因或其组合之故。精神性结构中的模棱两可在本质上属于受压抑者（the repressed）[22]；和对象关联的创伤体验可能激发其他的受压抑材料。于是与此挣扎有关的——起于模棱两可的——每件事情都从意识中撤离了，直到具有忧郁症特征的东西进来。如我们所知，这就在于受威胁的力比多投注最终放弃了对象，不过，也只能撤回到它原先起步的地方，也就是自我。所以，逃回到自我，爱才免于消散。在力比多的退行之后，此一过程可以变得有意识，且会在意识中呈现为自我的一部分与批判的审查机制之间的冲突。

由此，在忧郁症的工夫中，意识所意识到的，就不是其中的主要部分，甚至不是我们认为的会终结痛苦的那些影响力。我们所见的是自我的自贬，以及对自己的暴怒，而我们可以理解的也和患者一样少，不知道这过程会带来什么，以及如何才可改变。对我们更容易的是把这功能归之于整套工夫中的**无意识**部分，因为不难看出在忧郁症工夫与哀悼工夫之间主要的类似之处。正如哀悼会用公开

22　译注："受压抑者"（the repressed）在弗洛伊德的用语中，所指的就是具体的无意识状态。它几乎可以视为"无意识"的同义词。中文译名中的"者"不是指某一个人，而是指精神结构中的某个部位、某些内容。

宣称对象已死的方式和给予自我继续生存的诱惑来迫使自我放弃对象，模棱两可情态中的单个挣扎都是在让固着于对象上的力比多松绑开来，通过毁谤它、轻视它，乃至于要杀了它。在Ucs（无意识）中的这一过程，有可能会走到底，不论是在愤怒把自我消耗殆尽后，或是在对象已然被弃之如敝屣之后。我们无从得知，这两种可能性之中的哪一种对终结忧郁症而言常规或比较常见，也不知道这样的结束对于此一病例的未来发展会有什么影响。自我在此中所享有的满足乃是知道自己是两者中的占优者，是优于对象的。

就算我们接受这种关于忧郁症工夫的观点，那也还不足以为我们正在为之寻求光源的要点提供一个解释。我们有所期待的乃是，在忧郁症之后会出现的躁狂症，其经济论条件可以在支配躁狂症的模棱两可情绪之中被发现；我们甚至能在很多其他领域的类比中找到支持证据。但此中有一事实，使得我们的期待必须向其鞠躬。在忧郁症的三种前置条件中——对象的丧失、模棱两可以及力比多退行到自我——前两者也发生在对象死亡之后而引起的强迫性自责上。在那些案例中，毫无疑问的是，模棱两可是冲突发生的动机力量，而我们的观察所得，就是在冲突结束之后，躁狂的状态所拥有的那种胜利中没有留下东西。于是我们只剩下第三个条件，认为那才是导致这一结果的唯一因素。许多累积的投注原先是被绑在对象上的，在忧郁症的工夫结束之后，就解脱出来，使得躁狂症有可能发生，这些累积的投注，必定可与力比多向自恋症的退行相连结。在自我之内的冲突，也就是忧郁症取代了跟对象的斗争，必定像疼痛的伤口一样反应，要求特别高度的反投注。——但在此，我们必须再度喊停，并延迟对于躁狂症的进一步解释，直到我们能获得一些经济论本质的洞识，首先是对于身体上的疼痛，然后才是与此可以类比的心理之痛。就我们已知的，心灵有诸多复杂难题之间的相互依存关系，这会迫使我们在每一次的探究完成之前就不得不先停摆——除非有其他的探究成果能上前来支援。[23]

23　〔1925年补注〕关于躁狂症的延续讨论，请参照《群体心理学与自我的分析》（1921）。

第三篇

论自恋[1]：导论

On Narcissism: An Introduction

1　译注："自恋"有时也可译为"自恋症"。"自恋"不一定是疾病，而是人皆有之的一种态度。下文会有解释。

I

"自恋症"（narcissism）一词出自临床描述，保罗·内克（Paul Näcke）[2]在1899年用其来指称一个人的某种态度，这个人在对待他自己的身体时，用的是平常用来对待性对象（sexual object）[3]的同样方式，也就是说，他会去抚弄、去磨蹭，直到自己在这些活动中获得完全满足为止。发展到这样的程度，自恋症已经具有了性泛转（perversion）[4]的显著意义，其吸收了主体的全部性生活，因

2　〔弗洛伊德在为《性学三论》添的一则注脚（1920）中说他以前错了。在本文中说"自恋症"一词首先由内克引介，原应归于霭理士（Havelock Ellis）才对。不过霭理士本人随后（1927）发表了一篇短文，指出弗洛伊德的修正不实，并论道，该词的使用最先应是在他本人和内克之间。〕

3　译注："object"一词在本书中不采取"客体"的译法，改译为更适当的用词"对象"，虽然在下文的注脚中，提及object relations theory时，会译为常见的"客体关系理论"。

4　译注："perversion"在本书中不译为"性变态""性倒错"而译为"性泛转"，重要理由是作者在《性学三论》中区分了inversion、perversion两种概念，前者可译为"性倒错"，即自我以自身作为性对象；后者则是性对象的广泛转化，除了自己身体，还包括各种有象征意味的（即主体所投射的）对象，如恋物癖/恋物（fetishism/fetish），故译为"性泛转"较妥。

此其将会展现出我们在性泛转研究中所期望看见的所有特征。

　　精神分析的观察者接下来会受到下述事实的棒喝：自恋症态度的种种个别特征会在许多其他类型精神失调的人当中发现——譬如，萨德格（Sadger）就曾指出，在同性恋者身上——而最终那些被认为是描述自恋症的力比多，其分配可能更广泛地存在，而且在人类的性发展常轨之中，它可能也有其应有的位置。[5] 精神分析面对神经症患者（neurotics）[6] 所碰到的种种难题，也导向了同样的假设，因为这种自恋态度在他们身上好像已经构成了某种限制，使得他们很难接受其他各种影响。在这意义下，自恋症就不是一种性泛转，而是力比多对于具有自我保存本能的自我中心症（egoism）[7] 所作的补偿，一定程度的自恋，可合理地归之于天下的每一个生灵。

　　当我们试图将所谓早发性痴呆症 [dementia praecox，来自克雷佩林（Kraepelin）的病理学] 或精神分裂症 [来自布洛伊勒（Bleuler）的病理学] [8] 归于力比多理论的假设时，一种让我们研究

5　　奥图·兰克（Otto Rank, 1911c）。

6　　译注：neurotics 译为"神经症患者"，亦即把 neurosis 翻译为"神经症"，是弗洛伊德当年的观念和名称。我们曾改称为"精神官能症"。但现已改用其原名"神经症"。

7　　译注："自我中心症"（egoism），有时也可只叫做"自我中心"，这种遣词方式正如"自恋症"有时也可将"症"字省略。

8　　译注："精神分裂症"一词在当今的心理病理学术语中已改称"思觉失调症"，但在本书中，此词仍保留属于弗洛伊德时代的译名。

初级[9]而正常的自恋的动机就在此出现。像上述这种疾患，我曾提议改称为妄想分裂症（paraphrenics）[10]，他们显现出两种基本的特征：自大狂（megalomania），以及兴趣转离外在世界——离开所有的人、事、物。像后者这般改变所带来的结果就是：他们变得无法接收精神分析的影响，因此不能用我们所努力发展的分析来治愈他们。但是，妄想分裂症患者所具有的转离外在世界这个特征，还需要更精确的描述。一个歇斯底里症或强迫性神经症的患者，当病情扩大时，也同样会放弃他和现实的关系。但分析可显示出他对于人、事、物的情欲关系并未断裂。他仍在幻想中维持这些欲念，亦即，他一方面用记忆中得到的幻象来取代真实的对象，或将幻想与真实相混；而另一方面，他不再启动关联于那些对象的目的获得手段。[11]只有在此情况下的力比多，我们才可正当地运用力比多理论中的"内向"introversion）[12]一词，然而荣格在使用此词时却未作区别。就妄想分裂症患者来说，那是另一回事。这种人看来是真的把他的力比多从外在世界的人、事、物中撤离，且不用幻想中的他物来替代。就算他真的会代换，其过程似乎是属于次级的，且属于康复意图的一部分，他是为了将力比

9　译注：所谓"初级/次级"（primary/secondary）是指力比多投注的两种层次，前者接近于本能，后者则是由经验而产生（"次级"见下文）。

10　译注："paraphrenia"在中文的病理学上没有公认的译名。"妄想分裂症"（paraphrenics）是译者揣摩作者之意而作的翻译。

11　译注：这句话中的"对象"和"目的"的关系，就是必须以手段来获得对象，以便达到目的。因此他所放弃的就是手段的启动。非不为也，是不能也。

12　译注："内向"（introversion）亦可译为"性逆转"，是相对于"性泛转"（perversion）的译法，见本文开头注4的说明。

多引导回对象上。[13]

问题来了：精神分裂症患者从外在对象中撤回的力比多，之后变得怎么了？此一状态中的自大狂是一条线索。这种自大狂的产生无疑是以牺牲对象力比多（object-libido）为代价的。从外在世界中撤回的力比多已导入自我（the ego）[14]之中，且由此产生一种态度，可称之为自恋症。但自大狂本身并非新创，反而如我们所知，是一种情况的放大和更为清楚的显示，而此一情况在先前已存在。这就会引导我们把透过抽取对象投注（object-cathexes）而产生的自恋症看成次级自恋症，覆盖在初级自恋症之上，后者在多种不同的影响下隐晦难见。

我得要坚持，说我不是要在此提出解释，或进一步看透精神分裂症的难题，而只不过是要把其他各处既有的说法合并起来[15]，以便能在自恋症概念的导论中说出一些道理。

把力比多理论作此种延伸——以我的意见来说，这是正当的——可获得来自第三方的增强，也就是说，来自我们的种种观察

13　与此有关的讨论，请参阅我所说的"世界末日"，在史瑞伯个案分析（1911c）的第三节；也可参阅亚伯拉罕（a. 1908）。亦可参下文，p. 86。

14　译注："自我"是"self"和"ego"两字共用的译名，两者在理论上的意义有别。弗洛伊德的"自我"并非独指"ego"，但在此文中，确实就只是指"ego"。

15　〔在下文，弗洛伊德事实上进一步看透了这个难题。〕

以及有关儿童与初民（primitive peoples）心灵生活的观点。就后者来说，我们会发现一些特征，如果这些特征单独出现的话，也许就可归为自大狂之中来看：对于他们的愿望以及心思活动的这些念力[16]会过度高估，即"思想万能"（omnipotence of thoughts），亦即相信话语文字具有魔法的力量，且是可用来对付外在世界的技法——"魔法"（magic）[17]——显得好像可以合乎逻辑地运用这些堂而皇之的前提。[18]就今天的儿童来看，他们的成长发展对我们而言（比起初民）还要更加隐晦，我们仍期望在他们身上找到一种对于外在世界完全类似的态度。[19]我们由此而形成一个想法，即有一股自我的原初力比多投注，有一些后来从中分化出来朝向对象，但这种力比多基本上还持续存在并与对象投注保持关联，这就很像阿米巴原虫的身体和它所伸出的伪足那般的关系。[20]就像在我们的研究中所做的，把神经症的症状视为起点，但力比多的这种分枝从一开头就不会对我们显现（它总是躲过我们的耳目）。我们所能注意的就都是这种力比多的放射物——对象投注，它可以送出，也可以再抽

16　译注："念力"在中文是个好懂的概念，当然这不是弗洛伊德原文的用法，而是译者把前一句"愿望以及心思活动的力量"总结成"这些念力"。下一句"思想万能"确实就准准地对上"念力"的概念。

17　译注："magic"更准确地说，是初民常用的"巫术"，但在儿童的世界里，那就是"魔法"。

18　可比较我在《图腾与禁忌》（1912—1913）一书中处理这个主题的段落。（译注：即该书的第三篇，SE, 13, 83页起。）

19　可比较费伦齐（Ferenczi, 1913a）。

20　〔弗洛伊德使用类似于此的隐喻不止一次，譬如可见于《精神分析引论》（1916—1917）的第二十六讲及其他篇章。后来他把此处所表达的一些观点作了修订。〕

回。广义言之，我们也看见在自我力比多（ego-libido）和对象力比多（object-libido）之间构成对立。[21] 人愈是运用了其中的一方，就愈会耗损另一方。对象力比多所能发展的最高阶段，可在恋爱（陷入爱情）的状态中看见：人的主体似乎放弃了他自己的人格，而选择对象投注；然而我们还知道妄想症患者对于"世界末日"的幻想（或自我知觉）之中呈现了恰恰相反的状态。[22] 最后，关于心灵能量（psychical energy）[23]分化的问题，我们被导入初始的结论：在自恋的状态下，它们是同时并存的，然而我们的分析仍太粗糙，不足以作出区分；不到对象投注出现，我们也不可能知道如何从自我本能（ego-instinct）的能量之中区分出性的能量——力比多。[24]

在进入更进一步的讨论之前，我必须先指出两个难关，而这正是把我们导入该主题困境核心的问题。第一，我们现在所谈的自恋症和我们先前所描述的力比多早期状态，亦即自体爱欲（auto-erotism），有何关联？第二，假若我们把力比多的初级投注

21　〔此处的这种区分，是弗洛伊德第一次提起。〕

22　这种"世界末日"的想法有两种机制：一方面，整个力比多投注全部流向所爱的对象；另一方面，就是全部流回到自我之中。

23　译注："心灵能量"（psychical energy或psychic energy）一词在精神分析中是常受讨论的议题，弗洛伊德的弟子中就有不少人继承了这个讨论传统，但因为荣格曾经编了一本文集《论心灵能量》（1928），在资讯缺乏的状况中，很多人误以为那是荣格学派开创的议题。

24　译注：所谓"本能"，在弗洛伊德的用法中未必是指生物本性。除了有专文（《本能及其周期兴衰》）讨论之外，在其他地方弗洛伊德更常用的是"驱力"（drive）。

（primary cathexis）归之于自我，那么，为什么有必要把性的力比多从无关乎性能量的自我本能中进一步区分开来？只设定一种心灵能量，难道不能让我们避免从自我力比多中分出自我本能能量，以及从对象力比多中分出自我力比多的这些困难吗？

关于第一个问题，我可以先指出的是：我们有个倾向，假定在个人身上从一开始就不可能存在一个堪与自我相比的统一体；自我必须由发展而来。然而，自体爱欲本能却是从头就有的，因此在自体爱欲之上必定还加了些什么东西——某种新的精神行动——以便带出自恋症。

至于要给第二个问题一个确定的回答，这就一定会在每一位精神分析师身上看到他的不安。分析师不认为他会因为枯燥争议的理论而放弃观察，但他无论如何不应回避厘清问题的尝试。确实，像是自我力比多、自我本能的能量等观念，本来就不是特别容易掌握，也没有很充分的内容；关于这些关系的一套臆想理论，其起点就需以获取定义鲜明的概念为基础。依我看来，臆想理论和建立在经验诠释上的科学之间正是有此不同。后者并不羡慕臆想，即它具有平平顺顺又在逻辑上不容置疑的基础，反而高兴地满足于自己拥有模模糊糊、难以想象的基本概念，它希望在其发展的过程中对这些概念的理解愈来愈明朗，或甚至准备让别的概念来取代。因为这些概念本非科学的基础，亦即不是在其上可置一切：我们的基础毋宁只是观察。它们不是整个结构的底层，而是顶端，且还可以替换、撤除而丝毫无损。同样的道理也产生于今日物理科学中，其基本观念如物质、力的中心、引力等，正如在精神分析中相对应的观念一样，都不是不辩自明的。

"自我力比多"与"对象力比多"这两概念的价值在于此一事实：它们是从神经症与精神病的切身特征研究中导出的。将力比多分化成两者，亦即自我本身所具有的以及可依附于对象的，乃是对于区分性本能和自我本能这一原初假设不可避免的推论。无论如何，对于纯粹传移神经症（即歇斯底里症和强迫性神经症）的分析逼得我作出这样的区分，且我晓得，所有使用其他手段来对这些现象作说明的企图，都是完全不成功的。

对于我们所遭逢的问题处境，任何有助于帮我们找到方向的任何本能理论，其实都不存在。因此，我们可能被允许，或说，我们有此职责，要通过某种假设且导出其逻辑结论来开启这一研究，直到该假设支撑不住，或是得到确切的肯定为止。除了这一假设在传移神经症的分析中获得凭依之外，还有好几个要点支持该假设，即从一开始就把性本能和其他（自我本能）区分开来。我承认单独以前者来考虑就不可能没有隐晦之处，因为那也可能是无区别的心灵能量问题，而此种能量只是在投注对象的行动之中变成了力比多。不过，首先，在这一概念中所作的区别，实可与普遍的饥渴/爱欲之别相呼应。其次，生物学上的想法也有利于此。一个人确实承载着双重的存在：其一是在为他自己的目的服务；另一则是作为一条锁链的一个环节，对此一服务，他违背了自己的意志，或至少是不自觉的。个人会认为性欲是其自身的目的之一；然而从另一观点看来，他只不过是胚胎原质的一个附属物，他用精力来为之服务，换得的回报就是额外的享乐感。他只是（可能的）不朽原质的一副会朽坏的载具——就像限定财产的继承人，一笔田产的暂时拥有者，只是正当其时接收下来而已。性本能从自我本能中区分开来，只是单纯反映了一个人的这种双重功能罢了。[25] 最后，我们必须记得：我们所有的心理学临时概念有一天都可能会建立在有机体的次结构中。[26] 这使得下述情况成为可能：某些特别的物质及其化学过程执行了性功能的运作，且提供了个体生命向物种繁衍的延展。我们考虑到这种情况的可能性，将用特殊心理能力替代特殊化学物质。

我大抵上尝试让心理学避开一切有别于其本质的东西，甚至包括生物学思路。正因此故，我很愿意在这个节骨眼上明白承认自我本能和性本能分化的假设（也就是说力比多理论），并非完全产生于心理学的基础上，而是由生物学中延伸出主要的支持。但假若精神分析的工作本身足以产生其他更好用的有关本能的假设，我将足够一致（根据我的一般规则）地放弃这一假设。然而至今，这并没有发生。结果可能就变成这样：在最基本之处，以及由最长远的观点来看，性的能量——力比多——只可能由心灵中有作用的能量分化出来。但这种断言实在没什么东西可供参考。和它相关之事总是

25　〔魏斯曼（Weismann）的胚胎原质理论在心理学上的意义，弗洛伊德在他的《超越享乐原则》一书第六章中会有更长篇幅的讨论。〕

26　译注：这种"生物基础论"并非弗洛伊德自始至终一贯的强调。更值得注意的是如下文所指陈的：这只是就生殖功能的部分而言，不包括性情色欲生活的全部。

和我们所观察的问题离得很远，而对于这些相关之事，我们也认识不多，以至于要驳倒它或肯定它，是一样没意思；这种最根本的同一性跟我们作分析的兴趣了然无关，就像人类的各个人种之间的原始亲属关系，跟我们要证成合法继承权所需的亲属关系一样遥远。所有这些臆测都会对我们没有任何帮助。既然我们不能等待另一种科学来给我们的本能理论一个最终的结论，我们就更应试试以**心理现象**的综合来分析这个基本的生物学问题究竟能带来什么启示？我们要面对错误的可能性，但不要延搁我们追求这个假设的逻辑含义，亦即我们从一开始就承接的假设：在自我本能和性本能之间存在着对立（这个假设来自传移神经症分析）；对于看它究竟会否带来矛盾或能否开花结果，以及它是否可运用于其他的心理失调，譬如精神分裂症，这都不应拖延我们。

当然，假若力比多理论已经尝试用来解释后一种疾病，且已证明是失败的，那就另当别论。这是荣格（1912）的认定，由此我就应该加入讨论，虽然我更乐意免此讨论。我宁可依循源于史瑞伯个案（Schreber case）分析的这一进程，而不去讨论它的前提。但是，荣格的认定，至少可以说是不成熟的。他所设定的基础并不充分。首先，他诉诸一点，说我已经承认正因史瑞伯分析的困难重重，由此将力比多概念延伸（也就是说，放弃其中有关性的内容），且把力比多与整体的心灵兴趣混为一谈。费伦齐（1913b）在一篇对于荣格理论的透彻批评中，已经说过纠正这种种谬论是必要的。我只能在同意他的评论下，重申我本人从未把这样的力比多理论取消。[27] 荣格的另一个论证是说，我们不能假定把力比多撤回的这种动作本身就足以带来正常现实功能（function of reality）[28] 的丧失。但这根本不是个论证，而只是个不言自明之说。它回避问题实质，避开了讨论；因为是否如此，以及如何致此，正是我们该探讨的要点所在。在他的下一本主要著作中，荣格（1913）恰恰错过了我长久以来所指出的解决之道，他是这样写的：“在此同时，这里有进一步讨论的要点所在 [这要点恰好在弗洛伊德对史瑞伯个案（1911c）的讨论中出现]，亦即性的力比多内向导致对于‘自我’的投注，而很可能这就会产生现实丧失（loss of reality）的结果。这说法运用在现实丧失的心理学解释上，确实是个很诱人可能性。”但荣格并未对此种可能性作进一步讨论。隔了几行之后，他就把此说撇开，然后加上他自己的注解，说这种决定因素“只会导致禁欲隐士的心理，而不会是早发性痴呆症”。[29] 这种拙劣的类比对我们决定这一问题的作用微乎其微，这可从以下考虑中得知：这样的禁欲隐修者，“试图抹除一切性兴趣的痕迹”（但只是通俗意义上所指的“性”），他甚至根本没必要展现任何病态的力比多分配。他很可能把他的性兴趣完全转离人间，且能将其升华成高涨的兴趣对于神圣性或大自

27　译注：亦即从理论中取消“性内容”。

28　译注：“现实功能”（function of reality）这个术语在弗洛伊德著作中是个不断使用的关键词。根据英译者注，其来源是贾内（Janet，1909）的“La fonction du reel”。

29　译注：“早发性痴呆症”是最早用来指称“精神分裂症”的说法。弗洛伊德只是把原文照引。

然，或动物王国，而不必让他的力比多内向到他自己的幻想中，或是转回到他的自我。这一类比看起来就像提前要将一种可能性隔离，亦即源自性欲的兴趣和源自其他因素的兴趣分化的可能性。我们还应记得，瑞士学派的研究，不论多有价值，只阐明了早发性痴呆症的两点特征——（1）在此疾患中呈现的情结（complexes）[30] 如众所周知，是健全的人和神经症患者都会有的；（2）其中产生的幻想也与流传的神话有相似性——但他们却无法对此疾患的机制带来更进一步的启发。这么说，我们也许可以拒绝荣格的认定，就是认为力比多理论在试图解释早发性痴呆症的问题时已经碰壁，因此在碰到其他种种神经症时，也可以弃之不用。

II

某些特定的难题，在我看来，似乎阻碍了对自恋症作直接研究。我们对其主要的接触途径可能仍停留在妄想分裂症患者的分析。正如传移神经症使我们能够寻踪找出力比多的本能冲动，因此早发性痴呆症和妄想症也会给我们一个探入自我的心理学（psychology of the ego）[31] 之洞识。为了对正常现象中看起来好像很

30　译注："情结（complexes）"一词确实是荣格从瑞士带到弗洛伊德跟前的见面礼。

31　译注：这里的"自我的心理学"不是指安娜·弗洛伊德及其徒党所建立的 Ego Psychology（下文提及此词时将译为"自我心理学"）。弗洛伊德不可能在此料到，或提示后代自我心理学的发展。有关Ego Psychology的发展和理论批判，可参阅Wallerstein, R.S.（2002）. *The Growth and Transformation of American Ego Psychology*. J. Amer. Psychoanal. Assn., 50（1）:135-168。

简单的东西有所理解，我们必须再次转向病理学的领域，来看到其中的种种扭曲和夸大。与此同时，还有其他一些途径仍然是开放的，可供我们更好地了解自恋症。我对这些就该在下文中依序讨论：对器质性疾病的研究，虑病症的研究，关于男女性的情欲生活的研究。

在评估器质性疾病对于力比多分配的影响程度时，我听从了费伦齐口头上给我的建议。众所周知，我们也视为当然的，就是一个人在遭受器质性痛楚与不适之时，会放弃他对于外在世界各种事物的兴趣，只要那些事物都跟他的苦难无关。更仔细的观察还会让我们知道，他也把他对于爱—对象（love-objects）的**力比多兴趣**都予以撤回：只要他还继续受苦，他就停止爱。此一事实的普遍性，并不妨碍我们将它转译成力比多理论的语言。我们该这样说：这个病人把他的力比多投注撤回到他的自我之上，而当他康复后，他就会再度投注出去。就像饱受牙疼折磨的诗人威廉·布许（Wilhelm Busch）这样说："专注的是他的灵魂／在臼齿的小洞里。"在此，力比多与自我的兴趣正在共享同样的命运，且又变得相互难解难分。病人身上常见的自我中心的毛病，就是两面[32]俱陈了。我们之所以觉得这是很自然的，因为我们很确定，当我们处在相同的境况中，也就会变成这样。一个爱情中人的情感，无论多么强烈，都会因为身体的病痛而丢个精光，并且突然完全被冷漠取代，这样的主题已经被许多喜剧作家所采用。

32　译注：这"两面"就是指力比多的兴趣，以及自我的兴趣。

睡眠的状况也有类似于疾病之处，这意味着，会把力比多作自恋性的撤回，回到主体自身，或更准确地说，回到单纯的睡眠愿望上。做梦时的自我中心很适切地合乎此一情境。在这两种状态中，我们即便没看到别的，也会看到关于力比多分布更改的例子，而其后果则是引起自我的转变。

　　虑病症，如同器质性疾病，显现了身体的不适与痛楚感觉，而其对力比多分布的影响也如同器质性疾病。虑病症患者把兴趣与力比多两者皆从外在世界对象中撤回——后者尤其明显——而后将两者都专注于身体所从事的注意功能。于是虑病症与器质性疾病之间的差异就显然可见：在后者，不适感是基于明显的（机体）变化；在前者则不然。但假若我们决定说虑病症是确有其事，那它要全都合于我们对神经症过程的整体概念：机体上的变化也必定会在其中呈现。

　　但是，会是怎样的变化呢？我们就此把问题交给经验来导引吧，其表明与虑病症相似的本质上不快的[33]身体感觉，也发生在其他种种神经症上。我先前曾说过，我倾向于把虑病症与神经质、焦虑神经症归为同一类，并可称之为第三种"实际的"神经症。有个也许不算太离谱的假设，就是：在其他几种神经症当中，总有少量的虑病症与此神经症同时形成。对此，我想，我们已有的最佳范例，是上层结构为歇斯底里症状的焦虑性神经症。众所周

33　译注："不快的"就是"非享乐的"（unpleasurable）。此词在本书中应视为与"享乐"相对的一个关键词。

知的器官初型是兴奋状态下的生殖器官，它敏感柔软，有某种程度的变形，但在一般意义上没有患病。它会在非疾病的状态下变形，也就是性器官的勃起。在那状态下它会充血、膨胀、有液体分泌，也是多重感觉的温床。依此而言，我们现在就可拿身体的任何部位，来描述其向大脑发送性刺激者的活动，称之为"动情性"（erotogenicity），而后我们就来进一步推敲，我们的性理论所基于的考虑因素使我们长期习惯于这一概念，亦即身体的某些其他部位——"动情"区带（"erotogenic" zones）——可以替代性器官，且能产生相似的官能。这么一来，我们要走的路就只剩下一步了。我们可决定是否把动情性视为所有器官的一般特征，然后再来谈身体特殊部位的动情性的增减。因为各器官在动情性上的每一种变化就很可能与力比多在自我中的投注有平行的关系。这些因素构成了我们所相信的虑病症的底层，以及可与各种器质疾病所产生的力比多分配之相同效应。

如果沿着这条思路走下去，我们会看见我们所面对的就不只是虑病症的问题，而是其他"实际的"神经症——神经质与焦虑性神经症。因此我们就得先停留在这一点上。在纯粹的心理学的探究范围之内，无法深入穿透到生理学研究前沿的问题。我只想提一下从我们这个观点去看，就可能怀疑虑病症与妄想分裂症的关系是否类似于"实际的"神经症与歇斯底里症和强迫性神经症的关系：也就是说，我们可怀疑，其有赖于自我力比多，正与其他疾病之有赖于对象力比多一样，还有虑病症焦虑乃是与神经症焦虑相对应的，来自自我力比多。而且，我们既已熟知的一个观念就是：生病的机制与传移神经症的症状形成如出一辙——亦即从内向到退行（regression）的途径——与对象力比多的堆积相关，因此我们可能也会更为密切地注意到自我力比多的堆积，以及可带出此一观念与虑病症、妄想分裂症现象的关系。

谈到这一点，我们的好奇心必然会发出一个问题：为何这种力比多在自我之中的堆积会被体验成苦？我自己满意的回答是：苦受之感（非享乐感）总是属于高度紧张的表现，因此正在发生的，就是物质性事态的量在这里同在别处一样，被转换成心理性质的苦受感。[34] 然而，也许该这么说：产生苦受感的决定性因素不是物质事态的绝对总量，倒毋宁说是该绝对值的某种特殊函数。[35] 在此，我们甚至可冒险再往前探问：到底是什么东西促使我们的心灵生活必须越过自恋的阈限，以及使力比多触及种种对象？循着我们的思路作出的回答就会再度是：对自我所投注的力比多，其量超过一定程度时，这种必然性就会出现。强烈的自我中心乃是保护自己不要落入病态，但就最后一招而言，我们为了不病就必须开始去爱，以及当我们因受挫而不能爱时，就难免陷入病态。这就和海涅（Heine）诗中关于创世的心理发生（psychogenesis）图景若合符节：

34　译注：在此句中，值得注意的要点就是"量转为质"。在弗洛伊德的神经学论文中曾多次解释过，这种转换乃是 ϕ、ψ、ω 三种不同神经元所起的作用。

35　〔这整个问题讨论得比较详细的，是在《本能及其周期兴衰》（1915c）。至于上句中出现的"量"这个术语，则可参见弗洛伊德的《方案》（1895）一文。〕

疾病无疑是

促成创造的终极动因

透过创造，吾乃可痊愈

透过创造，我变得健康 [36]

我们认识到，心灵装置就是个首先用来驾驭种种兴奋情绪的设备，否则那兴奋就会令人感到苦恼，甚至会带来心理病因（pathogenic）的效应。在心中把它加工，相当有助于把兴奋之情作内在的舒泄，因为它本身不能够直接向外排出，或者该情绪的排除，在当时就是令人不欲的。不过，首先，这种内在的加工过程到底是对上了真实的对象，或想象的对象，根本没有区别。要等到后来，区别才会出现——假若力比多转向不真实的对象（即内向），使得力比多因蓄积而高涨。在妄想分裂症中，自大狂也会有类似的内在的力比多加工方式，即使之转回到自我；也许只当自大狂不成功时，在自我当中的力比多蓄积才会变成病因，并开启了康复的过程，这才给了我们得病的印象。[37]

在此，我应该尝试对妄想分裂症的机制作更深入一点的穿透，并且也该把那些在我看来已经值得考虑的观点都整合起来。妄想

36　出自海涅《新诗集·创造之歌第七》（*Neue Gedichte*, "*Schöpfungslieder VII*"）。

37　译注：从病因到得病，是一场开始有病识感的过程，因此才有康复的可能。若非如此，即无病识感的状态，对于患者来说，那根本不是病——但在医师看来，那就是不可康复（无可救药）的大病了。

分裂症的情感形态和传移神经症之间的不同，是因为此一情况——在前者，由于挫败而释出的力比多并不黏附在幻想的对象上，而是撤回到自我。其中的自大狂也对此大量的力比多做出心灵上相应的控制，可对应于传移神经症中产生的对幻想的内向；在这种心灵功能上的失败会引发妄想分裂症中的虑病症，而这与传移神经症中的焦虑状态属于同形。我们晓得这种焦虑可在进一步的心灵加工中获得解决，也就是透过转换（conversion）、反向形成（reaction-formation）或是护卫建构[即种种恐惧症（phobias）]。这些妄想分裂症中的相应过程乃是一种康复的企图，该病惊人的显现[38]正源于此。由于妄想分裂症经常会（如果不是通常）从对象中只带出**一部分**黏附的力比多，因此我们可从临床图景中区分出三种现象：（1）代表正常状态或神经症中的残余（可谓之"残余现象"）；（2）代表病态过程（从对象中撤离的力比多，以及进一步发展为自大狂、虑病症、情感障碍和种种退行）；（3）代表康复过程，其中的力比多在歇斯底里状态之后（也在早发性痴呆症或妄想分裂症本身之后），或从强迫性神经症（妄想症）之后，再度依附于对象。这种新颖的力比多投注和初级的投注颇不相类，在于它是起于其他条件下的另一层次。这种新颖的投注方式带出的传移神经症，以及自我处于正常状态的相应形式，这两者间的差异，就足以令吾人用最深的洞识来探入我们心灵装置的结构。

38　译注："惊人的显现"是指该病因心灵加工而显露的症状，而症状正是病理学上所见的疾病。

第三种用来趋近自恋症的研究乃是透过观察人类的情欲生活，其在男女都有多种分化。正如对象力比多最初会把自我力比多掩匿，让我们在观察时看不见，同样地，关联到幼儿（以及长大一点的儿童）的对象选择（object-choice）时，我们最先会注意到的乃是：他们从种种满足经验中衍生出性对象。最初的自体爱恋式的（auto-erotic）性满足体验与服务于自我保存目的的生命功能相关。[39] 性本能在一开始就黏附于自我本能的满足，只是后来才从其中独立出来。然而就算如此，我们也看得出一些迹象，就是原初的依附，即最初对于孩子的进食、照顾、保护最关切的人，会成为他最早的性对象。换言之，首先是母亲，或是扮演母亲角色的人。此类型的对象选择可称为附属型（anaclitic）或依附型（attachment）[40]。不过，精神分析研究还看到与此并随而来的第二型，而这是我们还没预备好去发掘的。我们发现，特别是在力比多发展受到某种困扰的人身上，譬如那些有性泛转或同性恋倾向的人，他们往后的情爱对象之典型，不是取自他们的母亲，而是他们自己。他们正是在追求**他们自己**作为情爱对象，因此而展现出一种对象选择的类型，我们必须称之为"自恋型"。在此观察中，我们握有最强有力的理由，使我们必须作出自恋症的假设。

39　译注："服务于自我保存目的"这句话，已经是公认的生物学命题，换言之，所有的生命体一定会以自我保存的功能来延续生命。

40　译注：弗洛伊德将此型称为 Anlehnungstypus，字面上是指来自文法上的附属字，英译者为了使读者容易明白，故在文法术语 anaclitic 之外，另加上一个常用字 attachment。下文再出现时将一律只译作"依附型"。

然而，我们并不把人类强分成截然不同的两类，亦即不根据他们的对象选择属于依附型或自恋型而归类；我们毋宁认定两类的对象选择对于任何一个人来说，是同样开放的，虽然每个人都可能偏好此类或彼类。我们会说：人类的本性中就有两类性对象——他自己，以及幼年时照料他的女人——而这样说，就已经在每一个人身上预设了初级自恋，只是在某些案例中会看到此一自恋倾向成为最强势的对象选择方式。

　　拿男性和女性来比较的话，会看到他们之间的对象选择类型有很根本的差异，但这些差异当然不具有普世性。完全的依附型对象爱，说得准确点，乃是属于男性的特征。它很明显表现了对于性对象的过高评价（overvaluation），而其来源无疑是幼年时的原初自恋，因此会与自恋症传移至性对象相互呼应。这种对于性爱的过高评价乃是恋爱状态的起源，此一状态中含有神经症式的强迫性，因此可追溯到早期的自我贫乏，以其力比多而言，就是特别贯注于情爱对象上。[41] 女性最常遵循的类型是很不一样的途径，而这也许是最纯正、最真实的类型。女性在进入青春期之前，其性器官发育还处于潜伏状态，随着性器官开始成熟，就会强化其原初的自恋，而其中伴随着对性的过高评价，实不利于其真正的对象选择。女人，尤其是带着漂亮面貌长大的那些，会发展出某种自满，补偿了她们在对象选择方面所受的社会限制。严格说来，这些女人只爱自己，其强度堪比

41　译注：恋爱中人给予性对象的过高评价，弗洛伊德对此议题在1921年的《群体心理学与自我的分析》一书中有更多讨论。

男人对她们的爱。她们需求的，与其说是爱，不如说是被爱[42]；能满足这个条件的男人，就会得到她们的青睐。这一类型的女性在人类情欲生活当中的重要性会受到极高的评价。这种女人对男人而言最为迷人，不只是基于美感的理由（因为她们基本上就是最美的），而是因为一些有趣的心理因素。很显然的是：一个人的自恋对于另一个放弃自身部分自恋而追求对象爱的人来说，具有极高的吸引力。小孩的迷人之处在很大程度上就在于他的自恋，在于他的自满自足和不可企及，譬如猫以及大型的猎食兽类。它们好像只会自顾自而对人不理不睬，正如一些动物的魅力那般。说真的，再现于文学作品中那般的伟大罪犯以及谐星们，都会迫使我们对他们的自恋型内在一贯性产生兴趣，因为他们正借由自恋而使尽浑身解数把任何会削弱自我的东西都赶走。好似我们都在羡慕他们能够维持自身之内的某种至福的心灵状态——这是个不容置疑的力比多状态，因为我们自己已经将它放弃。不过，自恋型女人的高度迷人，也会有其倒反的一面，即爱慕者的不满，他对于这个女人的爱情产生怀疑，以及他对她的谜样本性所生的抱怨，大部分都有其根源，就在于对象选择类型之间的不一贯性。

我要在此做个保证，也许不算是离题，就是保证此处所描述的女性情欲生活不是出于我本身有贬低女人的倾向性欲望。除了事实上这种偏见本来就离我很远之外，我还知道这些不同的发展路线相

42　译注：爱的被动态"被爱"是汉语语法所不惯用的，但在此确实只能接受这个概念，以及这个译名。

当符合高度复杂的生物整体性之中的功能分化；而且，我也愿意承认：有不少女人，其根据男性类型而去恋爱，也会发展出合于该类型性爱的过高评价。

自恋的女人对于男人的态度总是停留在冷酷状态，但就算这样，还是有一条途径可把她们引向完全的对象爱。在她们所生的小孩身上，她们身体的一部分会直面她们，宛如那是个与自身不同的外在对象，于是从她们的自恋出发，她们会对其付出完全的对象爱。另外还有一种女人，她们不需等到生孩子才来采取离开（次级）自恋而导向对象爱的发展路线。在青春期之前，她们已能感觉到自身的男性倾向，并且会沿着男性路线发展出男性的行为方式，待她们进入女性成熟期后，这一趋向被打断，但她们仍保留了对男性典范的渴望——事实上是在她们自身中曾经拥有的男孩子气，所留存下来的一种典范。

到目前为止，以上我所指称的那些，可用个简要的总结来表明走向对象选择的几条途径。

一个人可以爱上：

1. 根据自恋型来说：

a. 他本身之所是（即是他自己），

b. 他本身曾经是的，

c. 他自己想要成为的，

d. 曾经是他本身一部分的某人。

2. 根据依附型来说:

a. 喂养他的女人,

b. 保护他的男人,

以及取代以上各类的后续替代者。其中属于第1类型的 c 还没有充分的理由,要等到本文的较后阶段才能讨论。

对于男同性恋的自恋对象选择,其意义必须在另一脉络下推敲。

儿童的初级自恋——我们早已认定有此,其也构成我们的力比多理论假设之一 ——比起由他处得来的推论来说,是更不容易由直接观察来确认的。如果我们看看父母亲对孩子的亲切态度,我们就必得承认,那是由他们自身早已放弃的自恋,重新燃起以及重新复制而成的。由过高评价所构成的值得信赖的指标,其在对象选择中被我们视作自恋的印记,众所周知,支配了他们的情绪态度。由此,他们会强行把一切完美德行赋予自己的孩子——然而严肃的观察会发现没有理由这样做——并把孩子所有的缺点都隐瞒或忘记(孩子对于性的否认即与此有关)。更有甚者,为了孩子的利益,他们会倾向于把他们的自恋被迫尊重的文化习得中的所有操作都予以悬搁,并以孩子之名来更新声他们自己在很早以前就已经放弃的特权。比起父母,孩子应该过着更好的日子,他应该不被他们自己认定的生活中的必要大事所主导。疾病、死亡、放弃享乐、限制自己的意志等等都不应沾到孩子的边;自然和社会的法则都应取消,一切以孩子的利益为先;孩子应该再度成为天地创造的核心——

108

"宝贝陛下"[43]，我们自己也曾有这种奢华的幻想。孩子应能满足父母那种一厢情愿但从未实现的梦想——这男孩应能替代父亲成为一个伟人或英雄，这女孩则应嫁给一个王子，作为对母亲迟来的补偿。在这套自恋体系中最动人的位置，亦即不朽的自我，由于受到现实的严酷压迫，就最好能逃进孩子之中来求得安全。父母之爱，多么动人，而在底子里又是多么孩子气，说穿了不过就是父母的自恋，再复制一次，变形为对象爱，准确无误地显现了其先前的本质。

III

一个小孩的原初自恋所遭遇的困扰，他找到一种反应，用来保护自己免受困扰，以及他被迫这么做时所采取的途径——我曾提议暂时摆在一旁的这些主题，它们作为重要的工作领域，有待我们去探究。然而，其中最显著的部分，可用"阉割情结"（在男孩，对于阳具的焦虑——在女孩，对于阳具的钦羡）的形式分离出来，并结合早期性活动延宕而来的效应来加以处理。精神分析研究通常能使我们追溯到力比多本能所遭逢的兴衰周期，当这些力比多本能从自我本能离析出来，被置于与自我本能相对立的位置；但在阉割情结的某特殊领域中，它能让我们推论出某一时期和某一心灵处境的存在，在这其中这两组本能（仍同声齐唱，互相交织）会显现为自

---

43 〔原文为英文。或指爱德华时代一幅著名的皇家学院画作，该画作即以此为题，展示了两名伦敦警察拦住拥挤的交通，让一名保姆推着婴儿车过马路。弗洛伊德较早的文章《创作的作家与白日梦》（1908）中，曾出现"自我陛下"一词。〕

恋的兴趣。在此脉络下，阿德勒（Adler，1910）推导出了他的"男性抗议"（masculine protest）概念。他几乎将此概念提升到性格以及神经症形成的唯一动力，他所根据的不是自恋症，而是基于社会评价，因此仍应归属于力比多的倾向。精神分析研究自始就已能辨认出"男性抗议"的存在及其重要性，但对其的看法和阿德勒相反，认为其本质就是自恋症，并且是从阉割情结中衍生而出。"男性抗议"与性格的形成大有关联，乃至与其他种种因素一并成为性格的开创者，但这完全不宜于解释神经症的问题，关于这点，阿德勒只考虑到其服务自我本能的方式。我发现，把神经症的起源归于阉割情结这么狭隘的基础上，是极不可能的——姑不论此情结在男性阻抗神经症之中多么有力地浮出台面。顺带说一下，我知道一些神经症案例，其中的"男性抗议"，或以我们的看法来说即阉割情结，在病因学上没有任何分量，甚至根本不曾出现。[44]

对于正常的成年人所作的观察即可看见：他们先前的自大狂逐渐退潮，我们从其心灵特征上所推论的婴儿期自恋也已被抹除。那他们的自我力比多会有什么变化？我们是否要假定其总量都移往对象投注了？此可能性和我们的整套论证走向简直背道而驰；但我们

44　〔弗洛伊德曾在 1926 年 9 月 30 日致函给 Edoardo Weiss，在此函中，他说："您的问题，关于我在论自恋症的文章中所主张者，即是否有哪种神经症，在其中阉割情结不占任何分量，这说法让我陷入很尴尬的处境。我记不得当时我在想什么。今天，说真的，我无法说出哪一种神经症中不含有这种情结，并且无论如何我不会再写出这样的句子。但正因为我们对此整个议题的理解还太少，因此怎么说我都宁可对此不下定论。"〕

可在压抑心理学（psychology of repression）中发现此问题的另一个答案的一点点提示。

我们已经知道的是：在力比多的本能冲动与主体所处的文化、伦理观念相互冲突时，这些冲动就会经历病因学上的压抑的周期起伏。以此而言，我们的意思绝不是指这个问题中的个体对于这些观念的存在仅有智性的认知；我们一直是指此人不但承认这些观念为他自己的准则，并且也服从它们施之于他的要求。我们说过：压抑是从自我出发的；我们也许可以说得更准确一点，即它是从自我的自尊心为起点起步的。同样的印象、经验、冲动和欲望，可为一个人所勠力遵循，或至少是有意识地投身其中，其他人对此可能会非常鄙视并予以拒斥，甚至在它们进入意识之前就已遭堵塞[45]。这两者之间的不同之处，其中包含着压抑形成的制约因子，我们可很容易地用力比多理论解释的方式来加以表达。我们可以说：一个人树立起自己的**理想**（ideal），并由此来衡量他实际上的自我，然而他人并不形成同样的理想。对自我而言，理想的形成也成为压抑的制约因子。

这个理想的自我现在成为自我爱恋（self-love）的标的，而这是实际的自我在童年时所享有的。主体的自恋被转移至现身为这个新的理想自我（ideal ego）而现身，而且就像幼稚的自我（infantile ego）一样，发现自己拥有一切宝贵的完美性。涉及力比多问题时，

45　译注："堵塞"就是压抑的意思，弗洛伊德对此另有专文讨论。

人类总是一再显现其无法放弃曾经享有的满足。他不愿抛下童年时自恋的完美；当他长大后，他会被别人的劝勉和自身批判性判断的觉醒所干扰，于是他无法再维持那种完美，他要以新形式的自我理想（ego ideal）[46]来让该完美经验得以复苏。他为自身所投射的理想乃是失去已久的童年自恋之替代物，在其中，他就是自己的理想。

我们自然会被引导去检视这种理想的形成与升华（sublimation）之间的关系。升华是和对象力比多有关的过程，存在于将本能导向另一个的与性满足不同且相距甚远的其他目的的过程中；在此过程中，重点在于对性的偏离。理想化（idealization）的过程所关切的是对象，在其中，该对象未曾改变其本质，却在主体心中被放大、扬升。理想化有可能出现在自我力比多的场域中，也有可能在对象力比多之中。譬如说，对于对象在性方面的过高评价就是把它理想化。升华描述和本能有关的某物，而理想化则描述与对象有关的某物，就此而言，这两个观念应该要能清清楚楚地区分开来。[47]

自我理想的形成常与本能升华混淆不清，这会对我们的理解形成障碍。一个人若将他的自恋换成对于自我理想的颂扬，那这个人也未必能就此完成力比多本能的升华。自我理想确实会要求这种升

---

46 译注：必须注意上文所说的“理想自我”（ideal ego）是个形容词，但到此所用的“自我理想”（ego ideal）已经变成一个名词（术语），是自我（ego）的变形或延伸。在往后的著作中，弗洛伊德还会为“自我理想”铸造出另一个名称：“超自我”（super-ego）。

47 〔弗洛伊德对于理想化议题的反复讨论，见于他的《群体心理学》（1921）一书第八章。〕

华，但却不能强使之发生；升华仍是一种特殊的过程，可由理想来催生，但其发生过程则完全独立于此催生之外。我们正是在神经症患者身上，看出自我理想的发展与原始力比多本能的升华量之间具有潜能最高度的差异；总之，要说服一个理想者在不适当的地方投注力比多，要远比只是装一装有理想的普通人困难得多。此外，自我理想和升华的形成，两者与神经症成因之间的关系也大为不同。正如我们已知的，一个理想的形成会提高自我的种种要求，并且是造成压抑的最强因素；升华即一条出路，循此道路而出，可以应付那些要求而**不必**涉及压抑。

　　毫不令我们惊讶的是，假若要我们找出一个特殊的心灵审查者（psychic agency）[48]，其任务就是看自我理想中的自恋满足是否可以保证发生，以此为目标一直监视着实际上的自我，并以此理想来衡量实际上的自我。[49] 如果此一机制确实存在的话，我们就不可能经由**发现**来碰到它——我们只能把它辨认出来；因为我们可以反思，我们所谓的"良心"就具有所需的特征。对于这个机制执行者的辨认才使得我们能理解何谓"被人注意的妄想"（delusions of being

---

48　译注：psychic agency译作"心灵审查者"，是在本文特有脉络中的译法；在此之外，agency更常译作"代理人"或"能动者"，但不适用于本文。

49　译注：此一监视者以及自我理想这两者的结合，就是上文提到的超自我（super-ego）。见其《群体心理学》（1921）及《自我与伊底》（*The Ego and the Id*, 1923）。关于id译作"伊底"而不用"本我"的译名问题，请参见译者导读的说明。

noticed），或说得更正确些，是被**监视**，[50] 这是妄想症中相当惊人的症状，此症状也可以另一种独立的疾病形式发生，或是穿插在传移神经症中发生。这类患者会抱怨他们所有的思想都已为人所知，而他们的行为也都受人监视和督察；他们获知这位审查执行者的所作所为，乃是通过以第三人称与其来言说的声音（譬如："你看她又在想那回事了""现在他要出门了"）。这样的抱怨是有理由的，因为它是在描述事实。像这一类的力量，即监视、发现和批判我们所有的念头等等，都是真实存在的。说真的，它存在于我们每个人的正常生活中。

受到监视的妄想会以退行的形式来呈现这种力量，由此也显现了它的起源，以及为何患者会对它进行抗争。因为促使主体形成自我理想——他的良心成为自我理想的代表而自居为监视者的那股力量——其实就是来自父母的关键影响力（透过声音媒介传达给他），在往后的发展中，还加上在他的环境中训练他、教育他的那整群为师者[51] 以及既数不清也看不分明的其他所有人——他身边所有的邻人——以及公共舆论。

就这样，大量的力比多，基本上属于同性恋那类，被扯进自恋

---

50 两个德文语词分别是Beachtungswahn和Beobachtungswahn ——前者通常译为"被观察的妄想"（delusions of observation），后者则是"被人注意的妄想"。

51 译注：这些"为师者"可说是"三人行，必有我师焉"的意思，所以后来就变成"所有的邻人"。

114

的自我理想形成过程中，也在对其的维持中找到满足和出路。良心的建立就是一种基本体现（embodiment）——首先是来自父母的批评，接下来就是整个社会——当压抑的倾向因首先始于外部的压制与障碍而发展时，在此情况下，此一过程会不断重复。那些声音，以及未被定义的人群，再度由疾病带上台面，良心的演变以退行的方式再现。但对于这个"监视审查者"（censoring agency）[52]的反抗则出于主体的欲望（与其疾病的基本特征相一致），以便让自己从这些影响中解脱，其肇始点乃是父母的影响，反抗也出于主体从这些影响中撤出同性恋力比多[53]。他的良心随之以退行的形式直面他，有如来自外在的敌对影响力。

妄想症患者所作的抱怨也显示出，本质上良心的自我批评，恰恰呼应了其所基于的自我观察。缘此，接管良心功能的心灵活动，也同时让自己为内在探究（internal research）[54]服务，其为哲学的智性操补满材料。这些过程也许和妄想症患者总爱建构出一套思辨体系的特征倾向颇有关系。[55]

52　译注：由监视者扩充衍生成为一套"监视审查者"（censoring agency）。

53　译注：这个"同性恋力比多"，由上文可看出，就是指自恋。

54　译注：这个"内在探究"（internal research）值得注意，因为弗洛伊德曾在他的著作中花费不少篇幅讨论儿童的"幼稚探究"（infantile research），特别在《性学三论》及《小汉斯（个案）》中。

55　我要在此补充两点，就算只是个建议吧：这套审查者的发展与强化可能内在地包含其后来创生的（主观的）记忆以及时间因素，其中后者并不适用于无意识过程。〔这两点的进一步讨论，可参见《论无意识》一文。〕

对我们而言，这当然是重要的，如果此一批判性观察机制的活动——后来此活动升高成为良心以及哲学的内省——也可在其他领域发现的话。在此，我要提提贺伯特·西尔伯惹（Herbert Silberer）所谓的"官能现象"（functional phenomenon），此乃对梦理论少有的几项无须争议的增补之一。如众所周知，西尔伯惹道出的是，在睡与醒之间的状态，我们可以直接观察到思想翻译为视觉意象，但在此情况中，我们常见的再现（representation），其不在于思想的内容，而在于这个正在挣扎不睡的人所实际身处的状态（如不情愿、疲倦等）。同样地，他也说，有些梦的结论或梦中某些部分的内容，只指示了做梦者对于自己的醒与睡状态的知觉。由此，西尔伯惹展示了在梦的形成中，观察所扮演的角色——这是就患者妄想中的被监视而言的。这个角色并非经常在场。我之所以会忽视此观点，也许有个理由，就是这角色在我自己的梦中根本不是什么大牌；然而在一些擅长于哲学思维以及常做自省的人来说，它就会变得相当显要了。[56]

　　谈到这里，我们也许会回想起，我们已发现梦的形成就是在审查机制的支配下，其强迫梦思发生扭曲。不过，我们并未将此审查描绘成特殊的权力，而是选择了这个术语来指出控制自我的压抑倾向的一个方面，也就是指向梦思的一面。如果我们更进一步深入自我的结构，我们就会在自我理想以及良心的动态表达中把**梦的监视**

56　〔西尔伯惹的文章（1909 年及 1912 年）。在 1914 年，也就是写作本篇论文的这一年，弗洛伊德为《释梦》一书增补了很长的篇幅，来讨论此现象。〕

者（dream-censor）辨认出来。如果这位监视者连在睡眠中都还维持着某程度警醒的话，我们便可理解其所暗示的自我观察与自我批评的活动——包括有如"现在他困到不能思考了""现在他要醒了"之类的思维——是如何对梦的内容有所贡献的。[57]

到此为止，我们就可在正常人和神经症患者之间，对于自我关爱（self-regard）[58]的态度，来尝试作些讨论。

首先，自我关爱对我们而言，就是关于自我的大小（the size of the ego）的一种表现[59]；至于在种种因素中，是什么在决定此大小的，那就无关紧要。一个人所拥有的，或是他能做出什么来，以及所有原始全能感的余绪（他自己的体验所肯定的），这全部都有助于扩增一个人的自我关爱。

把我们对于性本能与自我本能所作的区分，运用到这里来，我

57　我在此无法断定审查者从自我的其他部分中分化出来，是否足以构成意识与自我意识两相区分的哲学基础。

58　译注："自我关爱"在中文日常用语中很接近于"自尊（心）"，但在本文中强调的语意连贯性是在于"爱"而非"尊"，故有此译法。

59　译注：为什么说是"自我的大小"（the size of the ego）？在此文中，一开始就谈到"自大狂"，这是"大"。至于"小"，一方面就是整套压抑理论当中，自我备受压抑的那种状态；另一方面也可参考古汉文（甲骨文），"人"字的造型就是卑躬屈微（见右图），那正是不折不扣的"下民/小人"模样。我们因此有千古的传统可以和弗洛伊德对话。

们就得承认，自我关爱对于自恋的力比多有特别亲近的依赖。我们在此有两项基本事实的支持：第一，在妄想分裂症中，自我关爱会增加，然而在传移神经症上则会减少；第二，在情爱关系中，不被爱会降低自我关爱感，而被爱就会使之增高。正如我们已经指出的，自恋的对象选择，其目的及其满足就在于要被人所爱。[60]

而且，很容易观察到的是，力比多的对象投注并不会提高自我关爱。对于情爱对象的依赖，其效应就是降低自我关爱情感：一个恋爱中的人总是谦卑的。恋爱中的人，可谓放弃了他自己的部分自恋，而其只有被爱才能取而代之。在所有这些方方面面，自我关爱似乎都仍与爱中的自恋因素有关。

意识到无能（impotence），意识到自己没有爱的能力——心理与生理失调的后果，特别会有降低自我关爱。在此，我的判断是，我们必须找出这种自卑感的源头，这种自卑感是传移神经症患者所体验到的苦，也是他们随时准备要说出来的。总之，这类感觉的主要源头，就是自我的贫弱化，其源于有非常大量的力比多投注从自我中撤回，也就是说，由于自我通过业已失控的性趋向而受到的伤害一直维持着。

阿德勒（1907）的这一主张是对的：一个具有积极心理生活的人，若他意识到自己的某部分器官有缺陷，这就会像一种激励，

60　〔对此议题，在《群体心理学》一书的第八章，弗洛伊德用了更多篇幅讨论。〕

通过过度补偿来唤起他内部更高水平的表现。但是，以阿德勒所举的例子来说，我们若把所有的成就都归因于器官原初缺陷这一因素，那就太夸张了。也不可能说，所有的艺术家都有视觉障碍，或所有的演说家本来都有口吃吧？何况我们有很多实例说明，高度成就源自**优异的**官能禀赋。在神经症的病因学上，官能的缺陷与不完美的发展都只占微不足道的角色——正如当下活跃的知觉材料在梦形成时充当的角色一样。神经症患者会把这类缺陷当作借口（pretext）来使用，正如其利用每一种其他的适用因素那样。我们可能会误信一位女性神经症患者所说的，她无法避免患病，因为她长得丑、有身障或不迷人等等，因此没有人会爱上她；但下一位神经症患者可教我们更多——因为她就是坚持于她的神经症以及对于性的嫌恶，纵然比起普通的女性来说，她更受欢迎，也更为人所中意。绝大多数女性歇斯底里症患者，在她们的性别当中都属迷人甚至漂亮的一群，另外，在社会低阶的人群当中，丑陋、器官缺陷、虚弱等等的高比例，并未增加他们患上神经症的概率。

在自我关爱与情欲的关系上——与力比多的对象投注关系上——我们可以简洁地表述如下。两种情况必须予以区分，根据的是情欲投注是否为自我谐和的（ego-syntonic）；或反过来说，是否为压抑所苦。在前者（即力比多的使用方式是自我谐和的），对于爱的评估可等同于自我的所有其他活动。爱情本身，只要包含着渴慕及剥夺，就会降低自我关爱；然而被爱，获得爱的回报，拥有爱的对象，就会再度抬高自我关爱。当力比多受压抑时，情欲的投注在感觉上就是自我的耗竭，在其中不可能获得爱情的满足，因此要让自我恢复，唯一的办法就是把力比多从对象身上撤回。对象力比多之撤回到自我，及其转换为自恋，恰恰代表着重获幸福的爱；反过来看，真正幸福的爱就对应那种原初的状态，在其中，对象力比多与自我力比多正是难以区分的。

此议题的重要性及其可能的扩展，我有理由补充几点松散地拼在一块注解。

自我的发展在于与原初的自恋分离，而后则用旺盛的精力试图恢复该状态。这分离之所以发生是由于力比多移置于由外在强加的自我理想，而满足的获得就在于填满此一理想。

与此同时，自我也送出了力比多的对象投注。自我为了加强投注而变得贫弱，就如同它为了自我理想那样。也就是说，自我因对此对象的满足而得以再度扩增，正如他因实现此理想也变得饱满。

自我关爱中有一部分是原初的，此即婴儿期自恋的残余；另一部分起于经验所证实的全能感（自我理想的填满）；还有第三部分，则来自对象力比多的满足。

自我理想强加了一些严厉的条件于力比多的满足——经由种种对象；因为其中有一些会因不可共容而被审查者挡掉。但在没有此类理想形成之处，性趋向在人格中会未经变化地流露，而其形式就是性泛转[61]。再度成为自己的理想，在性趋向方面不亚于其他种种，如幼年时代那样，这就是人们奋力要获取的所谓幸福。

爱在于自我力比多溢流到对象上。它有排除压抑的力量，并且重新引发性泛转。它会把性对象歌颂成性理想。既然对对象型（或依附型）而言，爱的发生透过满足了婴儿期爱的条件，我们就可说：不管是什么，只要填满该条件者，就是理想化的。

性理想可能以一种有趣的辅助关系进入自我理想。在自恋满足碰到真实的障碍时，它可用为替代的满足。在那种情况下，人的爱就会附和于自恋型的对象选择，也就是会爱上他自己曾经所是而现在已不再是的那个人，不然就会爱上具有很多优异条件的人，而他自己却从未拥有过这些条件（参见上文[62]）。与上述平行的公式是这样表述的：但凡拥有自我所无法纳入理想的优点者，就会被爱。这种应急手段对于神经症而言特别重要，因为这种人在过度投注于对象时，其自我是贫乏的且不能填满他的自我理想。从力比多在众对象上的浪游，他会找出一条回到自恋的途径，通过自恋型的对象选择（这一自恋型拥有他自己无法获致的优点）之后，选择性理想。这就是爱的疗愈，然而他通常宁可透过分析来做治疗。说真的，他无法相信任何其他的疗愈机制；他通常来走疗程时会带着这

61　译注：这个"性泛转"在前文已出现，提醒读者，这是译者所作的新译名，因为旧译"性变态"相当含混，不明所指。

62　译注：上文提到的"简要的总结"中，有一项是"他自己想要成为的"。

类期待，并将此导向医疗者。由于患者的强烈压抑导致他对爱的无能，这自然会妨碍这类疗愈计划。其中当患者透过此疗程而局部解脱压抑时，常会碰到一种预期之外的结果，就是为了选择一个情爱对象，他从进一步的治疗中退出，想凭借与某位他所爱的人一起生活来继续之后的疗愈过程。我们也许会对此结果感到满意，倘若其中不带有任何危险，亦即变成对其所需的协助者产生严重依赖性。

自我理想为群体心理学的理解开启了一条重要的康庄大道。在其个体面向之外，此理想还有其社会面向，它通常也是一个家庭、一个阶级，乃至一个国家共有的理想。它会结合起不只是一个人的自恋力比多，还会带出相当大量的同性恋力比多[63]，就是经由此途才转回到自我。所要求的满足若是起于未实现这种理想，会释放出同性恋力比多，而这就会转换为罪疚感（社会焦虑）。这种罪疚感原本是害怕父母的惩罚，或者更准确地说，是害怕失去父母的爱，后来父母就被无数的邻人所取代。妄想症常有的病因是自我受到伤害，以及在自我理想范围中的满足受挫。我们由以上的讨论而对此更能理解，正如理想的形成与自我理想中的升华这两者相结合，又如升华的回旋过程与妄想分裂症中的理想所可能发生的转换。

---

63 〔同性恋在群体结构中的重要性，在《图腾与禁忌》一书中已有提示，后来又在《群体心理学》一书中再度提及。〕

第四篇

超越享乐原则

Beyond the Pleasure Principle

I

在精神分析理论中，我们会毫不犹豫地认定：心灵事件
（mental events）发生[1]时所走的路子乃是由享乐原则（pleasure
principle）自动调节的。也就是说，我们相信，那些事件发生的路径
总是由痛苦[2]的紧张所启动，而其方向的最终结果也都是与降低紧张
相一致的目的——换言之，就是要避苦或趋乐。把这路向纳入我们对
于心灵过程（我们的研究题材）的推敲，这就会在我们的工作中引进
"经济论的"（economic）观点；还有，假若在描述那些过程时，
我们试图在"地形学上"和"动力论"（dynamic）观点之外还能估
计其"经济论"的因素，我认为我们将在目前所能设想的情况下，
对那些过程给予最完整的描述，而这也就值得用"后设心理学"
（metapsychology）[3]一词来把它们标明出来。

1　译注："心灵事件（mental events）发生"是很正式的用语，我们可以用白
　　话说，就是"心中有事情"，或甚至只说"有心事"。
2　译注：德文原文Unlust，英文版译为unpleasure，字面上直译应是"不
　　乐"，但它的意思确实应是"苦乐"这组对比中的"苦"。
3　"后设心理学"（metapsychology）一词在《无意识》（1915）一文中已经出现。

在我们所探讨的享乐原则这个假设上，我们并不关切，何种程度上趋向或采用了历史上已经建立的任何特殊哲学体系。我们之所以能达到这种推想式的假设，乃是因为试图描述和解说我们平常在该领域研究中所得的观察。优先性与原创性本非精神分析本身所设定的目标，而在享乐原则假设下所见的印象实在太明显，不太可能被忽视。从另外一方面来说，我们也必须对于任何哲学或心理学理论之能够启发苦乐情感的意义者，报以感怀之意，因为那些都已直接对我们产生了影响。不过，可惜在这一点上，我们没有提供任何东西给我们的目的。这是心灵中最难以接近的晦暗区域，而且，既然我们不能避免与它接触，则在我看来，最不严谨的假设方属最佳。我们已决定要把苦与乐同存于心中的激动量（quantity of excitation）——决不是任何一种"约束"的意思——相关联；[4] 而它们之间的关联方式乃是痛苦对应于激动量的**增加**，快乐则对应于该量的**减少**。我们在此所指的并非激动量与苦乐之情的强度之间有简单的对应关系，起码在我们所学到的心理生理学（psycho-physiology）中，完全没提示其间有这么直接的比例关系：对于这些情感的决定因素也许就在于**一定时间之内**激动量的增减。实验研究在这部分也许可扮演某个角色，但在此奉劝分析师们不要涉入这种研究太深，因为我们的研究方式并非为这般确定的观察所指引。

4　〔关于激动的"量"和"约束"的概念，在弗洛伊德的著作中处处可见，但最细微的讨论也许就出在他早期的《计划方案》（1895）一文中，譬如可参看在该文第一节第三部分讨论"约束"之处。〕

不过，我们还是不能对像费希纳（Fechner, G. T.）这样具有深刻洞见的研究者视而不见，他对于苦乐问题持有一个观点，正好和我们在精神分析工作中所见的所有要点都若合符节。费希纳的说法可见于他的一本小书《关于有机体的创造与发展史的一些观念》[Fechner, G. T.（1873）, *Einige Ideen zur Schöpfungs und Entwicklungsgeschichte der Organismen*, Part XI, Supplement, 94.]，其文曰：

正因意识冲动总是与苦乐有关，乐与苦也可视为与稳定和不稳定状态之间具有物理生理学的关系。这就为一个假设提供了基础，至于其中更多的细节，我建议在他处再进入讨论。根据此一假设，每一心理物理动作之能冒出意识阈限者，就在某比例上掺有享乐的成分，当它超过某限度时，它就会接近于完全的稳定；而在某比例上掺有苦的成分，当它超过某限度时，它就会远离完全的稳定；而在此两限度之间，我们可称之为乐与苦的质性阈限，就是某种审美无感的边缘……[5]

使我们相信在心灵生活中享乐原则占据着支配地位的事实，也可在有关心灵装置的理论假设中找到其表达，亦即整套装置都在努力维持尽可能的低激动量，或至少要维持此量的恒定。后一种假设只不过是享乐原则的另一种说法，因为如果心灵装置的工作方向在于维持低激动量，那么任何事情只要其意在增加该量，就一定会被认为是有违该装置功能的，也就是感觉为苦。享乐原则所遵循者起于恒定原则（principle of constancy）：实际上后者乃是由事实推论所

5　〔"审美"在此是一种老式的说法，意指"与感觉或知觉有关"。〕

得，而正是那些事实迫使我们接受了享乐原则。[6] 甚至，更详尽的讨论当可显示，我们因此归之于心灵装置的趋向，是作为费希纳的"稳定性的维持趋向"原则的一个特例，是他把乐与苦的感觉与此关联起来的。

不过，还是必须指出，心灵过程一路都由享乐原则支配，严格来说，这样的说法是不正确的。如果这种支配力存在的话，那么我们的心灵活动中的绝大部分都必须伴之以享乐，也会导向享乐，然而普遍的经验都与任何此类结论相矛盾。因此，顶多可说，心灵中存在一个很强的享乐原则**趋向**，但该趋向受到其他力量或环境状况的抵制，因此最后结果不可能永远是与享乐趋向和谐的。我们可以比较费希纳（1873，90）在同一问题上的说法："既然一种朝向目的的趋向并不意指该目的已达成，并且通常目的的达成也只能经由近似的方式……"

如果我们现在把问题转向"什么环境状况可以阻止享乐原则的有效实施"，那么我们就会发现我们再度踏上铺平且安全的立场上，并且在给出我们的答案时我们手头有相当丰富的分析经验。

6　〔"恒定原则"之说可追溯到弗洛伊德最初的心理学研究，即布洛伊尔（Breuer）与弗洛伊德合著的《歇斯底里研究》（1895）。布洛伊尔在其中所给的定义是"维持脑内激动量恒定的趋向"，而就在同一段落中，他将此原则的发现归功于弗洛伊德。事实上在此之前，弗洛伊德就提供了一两篇简短的文献，虽然这些作品在他生前都未曾出版。此议题详细的讨论在弗洛伊德的《计划方案》开头之处，所用的名称是"神经惯性"。〕

有关享乐原则受到这种方式抑制的第一个实例，大家都耳熟能详，也经常可见。我们知道享乐原则是适用于心灵装置的一种**主要**工作方法，但就有机体被外在世界的难题重重围困时所进行的自我保存（self-preservation）观点而言，那是打一开头就很没效率，甚至极度危险的方法。在自我保存之中的自我本能（ego's instincts）[7]影响下，享乐原则被替换成**现实原则**（reality principle）[8]，后者并未放弃最终要获得享乐的意图，但它总会要求也实际上把满足予以延宕，并且放弃许多获得满足的可能性，然后把对苦的暂时容忍当作漫长而间接通往享乐之途中的一步。无论如何，享乐原则是长期持续的，作为性本能所运用的工作方法，而这是很难加以"教育"的。接着，从那些本能开始或在自我本身之中，它常能克服现实原则，乃至不惜以伤害整个有机体为代价。

毫无疑问的是，用现实原则来取代享乐原则，只能对少数那些苦受[9]经验行得通，并且通常并不是最强烈的。作为苦受出路的另一种情况，这也是不会少见的，是出现在心灵装置中的纷争与冲突之中，而这是自我正经历其发展之途，前往更高度复合的组

7　译注：请注意"自我保存"和"自我本能"当中的"自我"，在原文中分别为self-和ego-两种写法，自然就不是同一个意思。

8　〔参见弗洛伊德的《心灵功能之两种原则的陈述》（1911）。〕

9　译注："苦受"就是"不乐"与"苦"的同义词，但不是"受苦"。本书不采用"不乐"来作为unpleasure的译名，因为那只是字面上看来如此，在字义上就显得过于轻描淡写。另外，由于现代汉语的造词法常常需要把单词改成复词（单字改成两字），因此，有必要时，"苦"就改用"苦受"。

织。心灵装置当中所填满的能量，几乎全都来自其内在的本能冲动。但不是所有的冲动都能获得许可而达到同样的发展阶段。在发展过程中，一次又一次，个别本能或部分本能会就目的或要求出现和其他本能不相容的状况，而其他本能可以兜拢在一起，形成涵摄全部的自我统一体。前者于是就会经由压抑之途，从这统一体当中分裂出去，在心灵发展过程中停留在较低层次，且有从一开始就被割断了获得满足的可能性。但如果那部分本能后来可以成功（这很容易发生在压抑的性本能上），也就是挣扎着迂曲地达到直接满足或替代满足，那事态本来在其他状况下可有机会成为享乐的，却被自我感觉为苦。由于旧有的冲突变成压抑，新的断裂发生在享乐原则中，正是在某些本能为了要遵守原则，以便获得新鲜的享乐，而四处奔波之时。通过这一过程的细节，压抑把享乐的可能性转为苦受之源，这些细节是怎么回事，我们还不清楚或不能清楚地表达；但无疑的是：所有的神经症之苦都属此类，即享乐之不能感觉为乐。[10]

我刚指出了苦受的那两个源头，那远远无法包含我们大多数的苦受体验。但是就其他苦受而言，就很有理由说，它们并未与享乐原则的支配状态相矛盾。我们所体验到的苦，大多是属于**知觉上的**（perceptual）苦。可能就是由未获满足的本能所生的压力知觉；或

10　〔1925年补注〕要点无疑是，乐与苦作为有意识的感觉，是依附在自我之中。〔这一点，比较清楚的讨论在《抑制、症状与焦虑》（1926）的第二章。〕

是来自外在的知觉——则它本身就是困厄，或者会在心灵装置中激起苦的期待——也就是会被辨认为"危险"。对于这些本能的要求以及危险的威胁所生的反应，也就是构成心灵装置恰当活动的反应，就可通过享乐原则以正确的方式指导，或通过对前者有所修正的现实原则。这似乎不需要对享乐原则进行广泛的限制。然而，对于外在危险的心理反应所作的探测，正好踩上一个新的观测点，好产生新材料，来对目前的难题作出崭新的提问。

II

有一种状况，长期以来既是众所周知，也有很多描述，它发生在严重的机械震荡，或火车灾难，以及其他危及生命的意外事故之后，因此被称为"创伤神经症"（traumatic neurosis）。那场刚结束的恐怖战争[11]也造成大量这类病患，但至少这终止了一般人将此失调归因于机械力引起的神经系统的器质性损伤这一倾向。[12]创伤神经症带来的症状图像，接近于歇斯底里症之处，在于其大量相似的运动机能症状，但主观痛苦的强烈征象（这就近似于虑病症或忧郁症）以及其中有证据可知的更为整体性的衰弱和心理能力障碍。这两方面创伤神经症都超过了歇斯底里症。迄今为止，对于战时神经症（war neurosis）和非战时的创伤神经症，还没有达成完整的解释。以战争神经症案例来说，同样的症状有时会发生在没有任何

11　译注：这是指第一次世界大战。

12　关于战争带来的神经症，1919年弗洛伊德、费伦齐、亚伯拉罕、齐美尔（Simmel）和琼斯（Jones）等人作了精神分析的讨论〔该文由弗洛伊德写了导论。〕

机械外力冲击之下，这既为我们拨云雾见青天，也令我们困惑。至于平常的创伤神经症，有两个特征会显著出现：第一，其肇因主要在惊与吓的因素上；第二，受伤同时发生，其通常会与神经症的发展**反其道而行**。"惊吓""恐惧"与"焦虑"不宜于当作同义词来使用；它们跟危险的关系，事实上都有清楚的分别。"焦虑"所指的是一种特殊状态，即对危险的期待，或准备要面对它，即使它仍是未知物。"恐惧"需要有个具体的令人害怕的对象。而"惊吓"则是指人毫无预备，突然闯入险境时的状态，这里强调的因素是吃惊。我不相信焦虑可以产生一种创伤神经症。关于焦虑，其中有些东西会防止它的主体受到惊吓，因此也免遭惊吓神经症。我们到后头再来谈这问题。[13]

对梦的研究可视为对于深层心灵过程最可靠的探究之法。梦在创伤神经症患者当中有一特征，即把患者重复带回他所遭受的事故情境，这一情境使他在另一次惊吓中醒来。但很少有人会对此觉得奇怪。他们认为创伤经验会一直把它自己逼向患者身上，即令是在他睡觉时，这一事实足以证明该经验的强度：有人会说，患者已固

13　〔弗洛伊德常常不是很准确地作此区分。他常用"Angst"（译注：英文译为"anxiety"，就是"焦虑"，但德文"Angst"和英文"anxiety"并非完全同义，故英译者还有话说）来指恐惧状态，也没说这和未来何干。看起来不无可能的是，他在这里所写的，已经开始预示要廓清他在《抑制、症状与焦虑》（1926）一书中对两者所作的区别：焦虑作为对创伤情境的反应——也许就等于此处所说的"惊吓"——以及焦虑作为走近险境之前的警告信号。〕

着在他的创伤上。固着于引起疾病的经验，这是我们早已在歇斯底里症上所熟知的病情。布洛伊尔和弗洛伊德在1893年即已声称："歇斯底里症患者所受的苦主要来自回忆。"而在战争神经症中也一样，费伦齐与齐美尔的观察有办法解释某些运动机能的症状系来自对创伤发生时刻的固着。

但我自己没有察觉到，创伤神经症患者在他们醒着的时候，会执着于事故发生时的回忆。也许他们更在意的是**不要**去回想。任何人若认为这是不证自明的，即他们的梦就会把他们带回事发现场——使他们得病的现场，那他对于梦的本质是很大的误解。能与梦本质更为一致的，毋宁是在梦中向患者显现一些他们过去曾有的健全生活图景，或描绘出一些他们所希望的康复模样。对于创伤神经症患者所做的梦，如果我们对于"梦的主旨是愿望的实现"这个信念不至动摇，我们在此就会看到，又有一项资源向我们开放：我们可以如此立论，即做梦的功能，和许许多多其他功能一样，在此处境中受到挫败而转离其目的；或者我们也可能在此受驱使而想到，自我之中实有这般谜样的受虐趋向。[14]

谈到这点，我建议离开一下这位黯然神伤的创伤神经症患者，转而检视一下心灵装置如何运用其工作方法于最早的**正常**活动上——我是指在儿童的游戏中。

14　〔以上一句（自"或者我们也可能"起至句尾）系1921年所添加。〕

对于儿童游戏的各种不同理论，直到最近才由普费佛（Pfeifer，1919）以精神分析观点作了综合整理与讨论，我愿向读者推荐这篇文章。这些理论试图发现儿童游戏的动机，但它们都无法把**经济论的**动机提上台面，其中包含着对于享乐因素的考量。我并不指望让这些现象来包含整个领域，但我可以透过一个偶然的机会，来给一个一岁半的小男童自己发明的第一个游戏稍作解释。那不只是一阵可有可无的观察，因为我曾经跟他和他的父母住在同一个屋檐下好几个星期，而对于他一直重复的这个谜样活动，我是过了一段时间之后才悟出其中的道理。

这个孩子在智能发展上还完全没有早熟迹象。到了一岁半，他还只能讲少数几个能让人听懂的字，但他会用几个声音来表达他周遭的人都能听懂的意思。他和他的父母以及一位年轻女仆的关系都很好，他常被称赞是个"好孩子"。他在晚上不会打搅父母，他很乖、很听话，不去乱碰某些东西，或走进某些房间，还有，最重要的是，他从来不会因为妈妈离开几个小时就哭。与此同时，他很黏他的妈妈，这位妈妈不仅亲自给他喂食，还自己一个人照顾他，没有其他帮手。不过，这个乖宝宝偶尔会有一种恼人的习惯，就是把手边能拿到的小东西丢到屋角、床下等等，因此，要找到他的玩具并把它们捡起来，那可是好一桩正事。在他这么做的同时，他会发出一长声的"喔——喔——喔——喔"，伴随着表示很有兴趣、很满足的表情。他的母亲以及本文作者都同意那不只是一声感叹，而是代表德文"fort"[15]这个字。我最后终于晓得那是一种游戏，他只是用他的玩具在玩"弄丢"的游戏。有一天我作了一场观察，确认了我的想法。这孩子有一个木卷轴，上面缠绕着一些线。他从来没把这东西拖在地板上走，把它当作马车。他的玩法是用线扯着卷轴，很有技巧地把它丢到带帘子的婴儿床边，于是，东西就在里面不见了，同时他就发出那富有表情的"喔——喔——喔——喔"声音。接着，他会用线把卷轴拉出床下，并对这东西的重新出现报以一声欢乐的"da"（音"搭"，在那儿）。这样才是整套游戏——丢了又回来（不见与重现）。一般来说，人家只看到他的第一幕，因为这一幕作为游戏，一直重复，不疲倦，虽然毫无疑问，其中最大的乐趣应是附在第二幕里。[16]

对于游戏的诠释，由此就变得明朗了。它和儿童的大大的文化成就相关——在于本能的弃绝（instinctual renunciation）（也就是说，弃绝本能的满足），他这样做，允许他母亲离开而不加抗议。他以此来为自己补偿，自己利用手边现成的道具，演出对象消失与归来的戏码。从判断这游戏本质上是否有效的角度而言，我们当然

---

15 译注："fort"意为"不见了"，发音近似英文，主要元音是"o"（喔），连续发音就会变成"喔——喔——喔——喔"。

16 后来进一步的观察完全可以确认此一诠释。有一天，孩子的妈妈出去几个钟头，当她回到家时，孩子对她迎来一句"宝贝喔——喔——喔——喔"，这是最初都没人听懂的。不过，很快就被搞懂，是这孩子发现了一种方法来让他自己不见。在长度不到地板的长镜子里，他发现有自己的影子，而只要他蹲低下来，镜像就会变得"不见"了。

不必在乎游戏是他自己发明的，或来自他处的提示。我们的兴趣指向另一个要点。这孩子不可能觉得妈妈离开是可以接受的，或甚至事不关己的。那他重复让这种恼人体验变成一种游戏，此一行为是如何符合享乐原则的？也许可以这样说：妈妈的离开，必须作为她欢乐归来的必要的先决条件，后者才是游戏真正的目的。但观察到的事实与此相反，第一幕，即离开的行为，作为游戏的戏码呈现，且比带有欢乐结局的全剧更经常出现。

单由一个如此的案例拿来作分析，是不可能达成什么确定性的结论。由不带偏见的观点来看，会得出一个印象，即这孩子之所以会把他的体验转变为游戏，是有另外一个动机的。在一开始时，他处于**被动的**情境——他完全被笼罩在体验之中；但经由将其作为游戏一再重复，虽然苦在其中，他却取得了**主动的**角色。这样的努力也许可归结为一种驾驭的本能，不论记忆本身是苦或是乐，它都独立于此。但还有另一种诠释可以尝试。把一个物体抛开，让它"丢了"，也许可以满足孩子的一种冲动，在实际生活中，那是被压抑的，亦即要报复妈妈离开他自己。在那种状况下，可能有个挑衅的意味："好吧，你去吧！我不需要你了。我要自己把你送走。"一年后，同一个男孩，就是我观察过其第一个游戏的那个，会拿着一个玩具，如果他对这个玩具生气了，会把它丢在地板上，喊道："去上前线！"当时他曾听说过他那不在家的父亲"正在前线"，而他对于父亲不在家一点也不懊恼；相反地，他很清楚地表明，他单独属于妈妈，不愿接受任何打搅。[17] 我们知道有其他的小孩会用同样的方式来表达敌意冲动，就是摔东西，但不是摔人。[18] 我们因此才会在此陷入怀疑：这样一种冲动，即在心中赢过某种被支配的体验，由此让自己能有驾驭权，其能否作为最基本的大事而呈现，且这件事是独立于享乐原则之外的。因为，就我们所讨论的个案而言，这孩子毕竟只能在游戏中重复他的苦受经验，因为重复行为会释出另一种享乐，不下于直接的乐。

对儿童的游戏作进一步的推敲，无助于我们在这两种观点之间的犹豫。很显然，一方面，儿童在游戏中会把真实生活中对他们造成深刻印象的每件事都予以重复，这么做可把来自印象的力道发泄掉，你也可以说，那是在让他能驾驭自己的处境；但另一方面，显然他们所有的游戏都受到一种愿望的影响，就是要能随时得以掌控——期望长大到能够做大人所做的事。其中也可观察到，经验中即便带有苦的本质，也都不会不适于游戏。如果医师给小孩检查喉咙，或对他做个小手术，我们可保证这种吓人的经验很快就会成为他下一场游戏的主题，但我们在这一点上不该忽视这一事实，即有来自另一源头而产生的享乐。当孩子从经验中的被动跨越到游戏中的主动，他会把这种不悦的经验转手交给他的玩伴，并以此向一个替代者作出自己的报复。

17　这个孩子在五岁又九个月时，他的母亲过世了。这样，她就真的"不见了"（"喔——喔——喔"），但这个小男孩没出现一点点哀伤的征象。之前，有第二个孩子诞生，并引起他相当暴烈的嫉妒。

18　请参照我对于歌德（Goethe）童年回忆的注记（1917）。

然而，在此讨论中显现的是，我们不需要假定有一种特殊的模仿本能存在来为游戏提供动机。最后，还剩下一点补充，就是成年人所做的艺术游戏与艺术性的模仿，这些都和小孩不同，是针对特定观众的，不会为观众省掉最痛苦的经验（譬如悲剧的演出）而仍能让他们觉得赏心悦目。[19] 这些都足以证明：就算在享乐原则的支配下，也总是还有些途径和手法，足够让本身是苦的东西变成一个主题，让人在心灵中记得和反复咀嚼。对这些最终结果都会产生享乐的案例和情境进行考量，就应由某种美学体系来接手，以经济论方法处理其主题。这些东西对我们现在所谈的目的而言还没什么用处，因为其中预设了享乐原则的存在与支配，它们没有证据证明，**超越**享乐原则的趋向的运作，亦即比享乐原则更为原始的趋向，并且独立于外自成一格。

III

二十五年来紧锣密鼓的工作已经有其成果，精神分析技法的直接目的在今天已相当不同于开创之初。当时分析师能做的不多，就是发现隐藏于患者身上的无意识材料，拼凑起来，到了适当的时间，告诉他。那时的精神分析首先就是一门诠释的艺术。正因为这样无法解决治疗上的难题，进一步的目的不久就出现了：患者必须担负起责任，根据其自身的记忆来确认分析师的建构

19　译注：弗洛伊德写过多篇有关艺术的研究，如达·芬奇、米开朗基罗，还有《格拉迪瓦》《不可思议之事》，以及生前没出版的《舞台上的心理病理角色》等等，都明确表达了这个意思。

（construction）。[20] 在那样的努力中，强调的工作是针对患者的阻抗（resistances）：这门艺术现在就在于要尽快揭露阻抗，向患者指出来，并以人的影响力来诱导他——这正是暗示作为"传移"在起作用——使他放弃他的阻抗。

但后来当时设定的治疗目的变得愈来愈明朗——治疗目的，即要把无意识的东西变成有意识的——这是当时的方法完全无法达成的。患者记不得他自己被压抑的全部东西，然而他所记不得的可能正是重点所在。因此他对于分析师告诉他的建构，不会相信其正确性。他总是被迫**重复**那些被压抑的材料，将其视作当前的体验，而不是如治疗师更希望看到的，将其视作过去的体验而**忆起**。[21] 这些复制品，以他所不想要的准确性出现，总是把含有一定比例的婴儿期性生活作为其主题，也就是俄狄浦斯情结及其衍生物，而这些都一定会在传移场域中，在患者与治疗师关系中演现（acted out）。当事情演变到这地步，那就可说：早先的神经症现在已被崭新的"传移神经症"取代。治疗师努力把这传移神经症维持在尽可能狭小的范围内：尽可能迫使它进入记忆的渠道，也尽可能不让它重复出现。记忆之物与复制之物间的比率会随着个案不同而改变。通常，治疗

20　译注：这里提出在诠释（interpretation）之上，进一步的分析工作是建构（construction）。这种说法，具体的说明出现在1937年的《分析中的建构》（*Constructions in Analysis*）一文。中文译本见宋文里（选译、评注）《重读弗洛伊德》。

21　参见我的文章《回忆、重复与作透》（*Recollecting, Repeating and Working Through*, 1914）。

师不会让患者省掉这一关。他必须让患者重新体验一部分已经遗忘的生活，但另外也必须仔细注意，患者仍有相当程度的冷漠，这无论如何将使他意识到他呈现为现实的事物，只不过是遗忘之事的一个反映。如果能成功达到这地步，患者也就开始相信了，则仰赖于此的治疗也就成功了。

为了使这种在精神分析对神经症疗程中出现的"强迫重复"更容易理解，我们首先必须去除一些错误观念，即在我们与阻抗的斗争中，我们所处理的是**无意识**部分的阻抗。无意识——即"受压抑者"——不论如何不会对治疗产生阻抗。的确，它除了从施之于它的压力下突围而出，并尽力到达意识，或透过某些真实的行动来释放之外，它本身并没有其他的方式。疗程中的阻抗，出于原本实施压抑的心灵的同一更高的层次和系统。但从经验之中我们晓得这一事实，阻抗的动机，以及阻抗本身，最初在治疗中就是无意识的，这就给了我们一个暗示：我们应该改掉我们所用术语中的短缺。当我们不是在意识与无意识间对比，而是在连贯的**自我**与**受压抑者**之间，那我们该避免淆乱。自我本身肯定有一大部分是无意识的，并且值得注意的正是我们可以描述为其核心的部分[22]；其中只有一小部分被所谓的"前意识"所覆盖。将纯然描述性的术语用系统性或动

22　〔这句话在《自我与伊底》第三章开头处的一个注脚作了更正。〕译注：弗洛伊德在该书中所作的更正是说："较早对于'自我的核心'曾有过提示……但需要更正，因为Pcpt-Cs这系统也可视为自我的核心。"亦即自我的无意识部分并非核心的全部。

力性的术语替代后，我们就可说，患者的阻抗是来自他的自我 [23]，然后我们立刻可以察觉他的强迫重复必须归因于无意识的压抑。看来很可能只有在疗程的中途以及压抑已经被松动之后，那种强迫性才会表现出来。[24]

　　一方面，毫无疑问，意识与无意识的自我所作出的阻抗乃是在享乐原则支配之下运作的：它所追求的是避开由受压抑部分的解脱而产生的苦。但另一方面，**我们的**努力却是被指向去容忍那些苦，诉求的则是现实原则。但对于强迫重复——来自受压抑者的力量的表现——它是怎样和享乐原则有关？显然在强迫重复之下所再度体验到的大部分东西必定导致自我之苦，因为它把受压抑的本能冲动的活动带上台面。不过，那是一种我们已经推敲过的苦，知道它并不与享乐原则相矛盾：在某一系统中是苦，同时在另一系统中却是满足。[25] 但我们现在碰到的则是个值得注意的新事实，亦即在强迫重复也会从过去经验中开始回忆，这些经验不可能包含着享乐，并且无论是多久之前的体验，也绝不可能对本能已受到压抑的冲动带来满足。

23　〔关于阻抗的来源，比较完整也有点不同的说明，可见于《抑制、症状与焦虑》（1926）第十一章。〕

24　〔1923年补注〕我曾在他处（1923）论道：会给强迫性重复一些助力的因素是治疗中的"暗示"，也就是说，患者对治疗师的顺从，其中有很深的根源，在于患者无意识的父母情结。

25　〔弗洛伊德用这种寓意式的说法来谈"三个愿望"的童话，可参照《精神分析引论》（1916—1917）第十四讲的开头。〕

在婴儿期性生活早期所开的花，注定是要凋谢的，因为其中的愿望和现实不能相容，并且与小孩所到达的不适当的发展阶段也不相容。早期开的花是在最为不利的环境中终结，伴随着极为痛苦的感觉。爱的丧失与挫败在他们的自尊心[26]上留下永远的痛，其形式则是自恋的伤痕，这在我看来，也跟马尔奇诺夫斯基（Marcinowski, 1918）一样，对于"自卑感"的贡献多过其他一切，而这种感觉在神经症中非常普遍。幼儿的性探索（sexual researches），既受限于他的生理发展，就不能造成任何满足的结果，以致他后来常有的抱怨会像是"我干不了什么事""我什么都做不成"。情感的纽带，通常就是把小孩和父母中异性的一方连结起来，结果往往是屈服于绝望，屈服于对满足的突然期望，或是对于新生婴儿的嫉妒——这是幼儿情感对象不忠的证确凿据。他自己试图生一个宝宝，虽然带着悲剧般的认真态度，但结果是一败涂地。他所能接受到的关爱程度逐渐减少，必须接受教育的要求逐渐增高，尽在学些很难的字，偶尔还会被处罚——这些事情最终就向他完全展示了他被蔑视的程度。以上是些典型的、反复不断发生的例子，表现的是那个年纪的幼儿的爱的特点是如何终止的。

患者在传移中会重复所有这些不想要的处境以及痛苦的情绪，并且会以最聪明的方式让这些再生出来。他们会在疗程未完的阶段就想中断；他们所图的是再度感觉自己受到藐视，想逼使治疗师对

26　译注："自尊心"在上文中译为"自我关爱"，但在此处与"自卑感"相对，译作"自尊心"比较容易理解。

他们使用严厉的话语，冷酷地对待他们；他们发现他们的嫉妒有了适合的对象；不同于在幼年期中热切渴望自己生个宝宝，他们在此图谋大计，或允诺大号的礼物——最后的结果通常都证明是不现实。这些事情在过去没有一样可产生乐趣，所以可以假想：现在它们如果只是以一些回忆或梦呈现而不是新的经历形式，也许比较不会那么苦。那些其实都是本能的活动，冀望可导致满足；但从这些只会导致受苦的活动的旧有经验里没学到任何教训。纵然如此，他们还是在强迫的压力下一再重复。

精神分析在神经症患者的传移现象中所显示的，也可在一些普通人身上观察到。他们给人的印象就是遭到厄运，或被某种"邪魔"附身[27]；但精神分析总是持有这样的观点，即他们的命运大部分是其自编自导的，另外就是受到婴儿期经验的影响。这里所说的强迫性，和我们发现的神经症中的强迫重复相比并无不同，而我们所谈的那些人本身也从未有任何这样的征象，即他们通过产生症状来处理神经症的冲突。我们碰到的人，他们的人际关系都带有同样的结局：譬如一个捐助者，一段时间之后，每一个受他捐助者都愤怒地抛弃他（不论这几个人的情况有何不同），他就觉得自己命中注定要尝尽人间的忘恩负义；或者有个人，他所有的友谊最后都以朋友出卖而告终；又或者有个人，在他的一生中经常把人拔擢到某种私立或公立机构的高权威地位，但过了一段时间，他自己会跟该

27　译注：这个主题，正是引起译者选译本书《十七世纪魔鬼学神经症（海兹曼病案史）》一文的动机。

权威斗气，然后将其换掉；再来，一个陷入爱情的男人，跟女人的情事都会通过一样的几个阶段，也以同样的方式结束。像这般"同样事情的反复重演"并不会让我们惊讶，只要它对我们所谈的人而言是**积极的**（active）行为，并且我们也可在他身上看出某种主要的性格特质，这种特质一直维持不变，不得不以同样经验的重复表现出来。我们比较会对这样的案例印象深刻，即主体似乎陷入**消极的**（passive）经验中，对此他自己没有影响力，反复碰上同样的命运。譬如有一个案例，一位女性，连续结婚三次，每次都是婚后不久，丈夫就告病，而她必须在病床边看护，直到送终。[28]对于这种命运最动人的诗意图像，可见于塔索（Tasso）的浪漫史诗《耶路撒冷的解放》（*Gerusalemme Liberata*）。其中的主角坦可雷德（Tancred），无意中进入一场决斗，把自己的爱人可罗琳达（Clorinda）杀死，因为她乔装为身穿敌方盔甲的骑士。把她安葬后，他走进一个奇异的魔法森林，这片森林会以恐怖手段攻击十字军的部队。他拔刀斩了一棵大树，刀口血流如注，同时伴随着可罗琳达的哀号——她的灵魂就被囚禁在树里，他又一次砍杀了自己的爱人。

如果考虑到这种观察，它们是基于传移中的行为和男人女人的真实生命史，我们就应有勇气假定：心灵中确实存在着强迫性的重复，其能够压过享乐原则。现在，我们也应是倾向于把这种强迫性跟创伤神经症中出现的梦，以及促使幼儿去游戏的冲动关联起来。

28　可参看荣格（1909）对此案例精到的评论。

但应该注意的是：只有在极少数事例上，我们才会观察到强迫重复的纯粹效果，而没受到其他动机的支应。在儿童游戏的案例中，我们已经强调了有其他方式可以诠释强迫行为的发生；强迫的重复以及本能的满足本来就已是直接的享乐，而在此似乎又合并起来成为亲密的伴侣。传移的现象显然是被阻抗所利用的，自我透过倔强坚持的压抑维持着阻抗；强迫的重复是治疗的一方试图拉过来为其所用的，但总是被自我拉向它的一方（紧黏着自我，正如自我黏着在享乐原则上）。那些可描述为强迫的命运者，其中很多都可在理性基础上理解，因此我们也没必要用一种新的谜样动机来对其作出解释。

（此动机力量）中最不可疑的例子也许是创伤性的梦。但经过深思熟虑后，我们就会被迫承认：就算在其他事例上，整套基础，也并不全部由熟知的动机力量的运作所覆盖。要足以支持这个强迫重复的假设，还有足够多的东西留着没解释——强迫重复似乎是某种比它所超越的享乐原则更为原始、更为基本、更属本能的东西。但若这种强迫重复的机制确实是在心灵中运作，我们就该更想对它有所了解，了解它所对应的是什么功能，在何种条件下它会出现，以及它与享乐原则有何关系——总之，我们迄今为止要把享乐原则归属于内心生活的激动过程中最具支配性的力量。

IV

以下所说的是些臆测，常是牵强的推想，有些读者可能会依其个人偏好而考虑跳过不看。总之，我们就是想要对一个观念打破砂锅问到底，基于好奇心之故，看看它可以把我们带向何方。

精神分析推想所采取的出发点，是经由检视无意识历程而导出的印象，即意识并非心灵历程中最普遍的属性，而仅仅是其中的一种特殊功能。用后设心理学的术语来说，意识是一种特殊系统的功能，以 Cs 来表示。意识所能生产的，主要包含来自外在世界的激动知觉，以及只能在心灵装置中所生的苦乐之感；因此之故，它可能给 Pcpt -Cs（知觉—意识）[29] 系统在空间中分配一个位置。它所在的位置，必定是在外在与内在之间的边界线（borderline）上面；它必须转过来面对外在的世界，并把其他的心灵系统包覆在内。到此可看出，这些假定中没什么新鲜大胆之处，我们只不过是承接了大脑解剖学的区位观点，其把意识的"座位"安放在大脑皮层——中枢器官最外缘包膜层。就解剖学来说，大脑解剖学并不需考量为何意识必须安顿在脑皮层，而不是寓居于更安全的内部最深处。也许我们在 Pcpt-Cs 这个系统中对此情况可以作出更完满的说明。

意识并非我们赋予该系统的唯一凸出的特色。以精神分析经验得来的印象为本，我们假设所有发生在其他系统的激动历程都会在它们上面留下永久的痕迹，这些痕迹形成了记忆的基础。这样

29　译注：Pcpt是perception（知觉）的缩写，Cs则是consciousness（意识）的缩写。对于Pcpt-Cs这个系统的后设心理学，最早出现在《释梦》一书。下文出现此一系统的名称时，以行文方便都不再用译文而直接使用这个符号化的原文。

的记忆痕迹，与成为意识的事实并没有关联；确实，当把它们抛下的这一历程是一个未曾进入意识的历程时，它们往往是最有力也最持久的。不过，我们发现很难相信的，就是像这样持久的激动痕迹也会留在Pcpt-Cs这个系统中。如果它们还一直保有意识，就会很快使该系统接收新激动的功能受限。[30] 另一方面，如果它们是无意识的，我们就要面对这一问题：在本应伴随有意识现象的系统中，为何会有无意识过程存在？故此，应该说，我们把成为意识的历程划归为一个特殊系统这一假设，其实既未改变什么，也不会有什么收获。虽然这样的推敲不算是绝对的结论，然而它已引起我们的怀疑：进入意识和留下记忆痕迹是否在同一系统内是互不相容的两种历程？所以我们才能说：激动的历程是在Cs系统中变成意识，但却没在那里留下永久的痕迹；而这激动传导至邻接在下的几个系统中，并且是在那里把它的痕迹留下的。我在原理图中循此同样的思路，在我的《释梦》一书中的理论推想章节也将其包括在内。[31] 读者务必留意的是：意识的起源，在别的资料中也一样所知不多；因此，当我们立下的命题为**"产生意识而非记忆痕迹"**，这样的肯定之说值得多作推敲，无论如何，其建立在相当准确的术语框架之中。

果然能够如此的话，则Cs系统的特色就是一种特异的性质，

---

30 以下所述完全是遵照布洛伊尔在《歇斯底里研究》中的观点。

31 译注：弗洛伊德在《释梦》一书中所画的理论图示，见于英译标准版全集，卷五，第七章，第538、539、541页。

在其中（对比于在其他心灵系统中发生的事来说）激动历程并未在其因子[32]中留下任何永久性的变化，而是在变为意识的现象中消失。像这类现象，与整体规则相左的这种例外，需要用某些只适用于该系统的因素才能解释。像这样在其他系统中所阙如的因素，很可能就是Cs系统中被暴露的处境，就像它对外在世界那样直接紧邻。

让我们把活生生的有机体用可能最简单的形式来描绘，即一个能接收外在刺激而完全未分化的物质性胞囊。那么，它的表面在接触外在世界的处境下，就会被分化而出，变成一种接收外在刺激的器官。事实上胚胎学作为发育历史的重现，它对我们显示了中枢神经系统实际上是起源于外胚层；大脑皮层中的灰质一直是有机体的原始表浅层面的衍生物，且可能继承了它的一些主要性能。于是我们很容易作出这样的假设：由于外界刺激不断向胞囊的表面冲击，其结果就造成一定深度的表面实质会永久性改变，因此其激动历程的进行就会和较深层次的进行方式有所不同。这就会形成一个外壳，最后外壳会被外来刺激"烘焙透了"，以至能够呈现出最佳的可能状态来接收刺激，并且也变得不能再作进一步的修改。以Cs系统来说，这就意谓其因子不会在刺激过程中再产生永久性的变化，因为它在这方面已经发生了

32　译注：在当代兴起的比昂（Wilfred Bion）理论热潮中，特别值得注意的是他对于心灵因子（elements）之论，故在弗洛伊德使用此同样词语时，可注意其所指为何，以便拉上前后关联。

可能是最大程度的变化：但是现在，它变得有能力产生意识。至于对此实质变化及激动历程的本质如何，可能会形成很多目前无法验证的想法。我们可以假设，从一个因子传向另一个因子时，激动必须克服阻抗，由此实现的阻抗的降低，就是留下激动的永久痕迹的原因，也就是对降低阻抗的助力。接下来，在Cs系统中的这类阻抗，参与了从一因子逐步传向另一因子的过程，它也将不再存在。这样一幅图像可以代入布洛伊尔在心理系统的因子当中区分出来的两种投注能量，来看看其间的关系：一是静止的（quiescent）（或约束的），另一是活动的（mobile）[33]；Cs系统中的因子本不会带有被约束的能量，而只会带着能够自由释放的能量。总之，对于这几点，最好是尽可能谨慎地表达自身的看法。纵然如此，这样的推想却也使得我们能够把意识的起源和属于Cs系统中的处境带出某种关联来，以及与必须归因于其中发生的激动历程的特性相关联。

但对于带有接收性的皮质层的活胞囊，我们还有更多话可说。这个小碎片般的生物是悬浮在携带有最大能量的外在世界当中，而它若没有抵御刺激的防护罩来挡开源自这些外在能量的刺激辐射，它就会被杀死。它所需的防护罩是这个样子：它的最外层表面不再带有生物特有结构，而是会变成某程度的无机物，然后作为一种特殊的包膜或膜挡住刺激。结果，外界能量能穿透防护罩

33　布洛伊尔与弗洛伊德，1895年。〔在本文第二部分，有布洛伊尔所撰的理论说明，特别在该部分开头的注脚中。〕

进入内层而仍然能存活的，只剩下其原有强度的一点点；而内层在防护罩后面也可专注接收那一点点被允许穿透进来的刺激。外层之死得以拯救内层免遭同样的命运——换句话说，除非射来的刺激太强，直接突破了防护罩。对刺激的**防护功能**对于活着的有机体而言，几乎比**接收功能**更为重要。防护罩自身拥有能量储存，必须首先努力保护在其中运行的特殊的能量转换，这种能量转换是在抵御外在世界中起作用的能量所威胁的效能——这样的效能倾向于将其自身平衡化，因此也就倾向于毁灭。刺激**接收功能**的主要目的是要发现外来刺激的方向与性质，因此只要能采到一点点样本就够用了，进行少量采样即可。在高度发展的有机体上，此前胞囊的接收性皮质层早已撤入体内深处，虽然有一部分仍留在表层，紧贴于整体的防护罩下面，一起对抗外来刺激。这些就是各种感官，主要由用于接收刺激的某些特殊的装置组成，但也包含特殊的设置以作进一步的保护，以免于过量的刺激，并把不适的刺激予以排除。[34] 它们的特色就是只处理极少量的外来刺激，并且接收外在世界少量的样本。也许可将它们比拟为触须，分秒不停地向前摸索外在世界，然后缩回来。

谈到这里，我就敢于碰一碰一个值得三思的主题。由于有了某些精神分析的研究发现，我们今天才可以讨论康德的这个定理，即时间与空间乃是"必要的思想形式"。我们已知无意识心灵过程的本身

34　〔参见《计划方案》一文，第一部分第五节、第九节。〕

是"非时间性的"（timeless）。[35]这首先就意谓它们并不遵循时间的顺序排列，时间并不以任何方式改变无意识，也就是时间的观念无法运用于无意识。这些都是负面的特点，为了清楚理解此特征，最好能拿**意识的**心灵过程来做比较。另一方面，我们对于时间的抽象观念似乎都来自Pcpt-Cs这个系统的运作方法，然后与其对运作方法的直觉相对应。这种作用模式也许就构成了另一种对抗刺激的防护罩。我知道这些说法听起来都还很模糊，但我必须把我自己限制在这些暗示之内。[36]

我们已经指出活的胞囊如何获得防护罩来对抗外来刺激，并且也已陈示了紧贴于防护罩之下的皮质层必须被分化为一种接收外来刺激的器官。无论如何，这个敏感的皮质层，其后来会变成Cs系统，也会接收**来自内部**的激动。这个系统介于内外之间的处境，及其管制两方接收激动的条件的差异，对于该系统及整个心灵装置的功能具有决定性的效应。对外，它是对抗刺激的防护罩，撞上来的激动只有减量的效应。对内，就不可能有这样的防护罩[37]；深层之中的激动直接以不减的量伸入此系统，只要它们的某些特征引发苦乐系列的感觉即可。只不过，由内而来的激动，就其强度以及其他性质而言——也许是它们的振幅（amplitude）——相对于外来刺激，跟此系统的运作方法更可以

35　〔参见《无意识》一文第五节。〕

36　〔弗洛伊德回头谈时间观念的起源，是在《神秘的书写板》（1925）一文末尾。同一篇文章中也包括"对抗刺激的防护罩"的进一步讨论。〕

37　〔参见《计划方案》一文第一部分第十节。〕

共量（commensurate）。[38] 这样的事态就会产生两种明确的结果。第一，苦乐的感觉（就是该装置内部所发生的事件的指标）完全支配了所有的外在刺激。第二，采用了一种特别的方式来对付使苦受之感大增的内在激动：有一种倾向，把这些刺激视为不从内来而是从外来的，于是可能把抵御刺激的防护转而用作防御它们的手段。这就是**投射作用**（projection）的起源，它注定要在病理过程的因果关系中扮演重大的角色。

我所得到的印象就是：对于享乐原则的支配性，这最后的思考为我们带来更佳的理解；但对于相反于该支配性的案例而言，它却没带来什么启示。所以，让我们再往前走一步。我们把任何来自外界的激动称为"创伤"，只要它有足够的强度能突破防护罩的话。在我看来，创伤的概念必然意指一种关联，就是对原本可有效对抗刺激的防护罩的破坏。这种外在创伤事件会引发一场有机体能量在功能上的大规模扰乱，也会发动所有可能的防卫。与此同时，享乐原则就会暂时停止作用。在心灵装置中就不再可能防止大量刺激的泛滥，反而由此造成了另一个难题——操控刺激量的难题，因为刺

---

38 〔参见《计划方案》一文第一部分第四节后段。〕译注：弗洛伊德在讨论 Cs 系统的运作方法时，所用的词语是"振幅"（amplitude）、"共量"（commensurate）等，这显然是采用了物理学的术语。由于这些讨论都起源于他最早的《计划方案》一文，即当时的思考是要跟神经科学界所作的商榷，而使用物理术语也是那个学界的习惯。我们在理解后期弗洛伊德理论时，大可将这些术语改译为意义相当的日常用语，如"广度""相称"等等，但在此为了能承接《计划方案》一文的思想脉络，我们还是用最接近其早期思想的用语。

激已经决堤灌入，以及在心理的意义上围堵它们，由此而把它们排出去了。

身体疼痛造成特定的苦受，也许就是防护罩在某特定区域溃决的结果。接下来就会有激动之流从相关外围部分中枢心灵装置不断滚涌，这种激动通常只会从装置**之内**而来。[39] 那么，我们如何期待心灵向这些入侵作出反应？投注的能量会从四面八方召集到裂口的周边以提供足够的高能量的投注。由此设立起了大规模的"反投注"，也为了对此供输之故，其他的心灵系统就被搞到精疲力竭，因此其余的心灵功能也大幅度瘫痪或衰减。我们必须努力从这类案例中学得教训，并用之于我们的后设心理学推想。那么，从目前的状况中，我们推论出一个本身已被高度投注的系统，能够承受额外流入的新能量，并且能够将它转化为静止的投注，也就是能够在心灵中把它约束起来。[40] 此系统本身的静止投注愈高，其约束的力量也愈大；因此，反过来说，其投注愈低，就愈是无力接收流入的能量，并且在对抗刺激的防护罩上出现的裂口，其导致的后果也会愈加严重。对于这一观点，要作出公正的反对看法是不可能的：即在裂口周边增加的投注，被更容易地解释为流入的大量激动之直接结果。果真是这样，则心灵装置就只会接收能量投注的增加，至于疼痛会使瘫痪的特性，以及所有其他系统的弱化，这些都不在解释之

---

39 参见《本能及其周期兴衰》（1915）。〔再加上《计划方案》第一部分第六节以及《抑制、症状与焦虑》（1926）。〕

40 译注：这里提到的"静止"和"约束（起来）"，是在回顾上文所提到的布洛伊尔最初的发现和铸造的概念。

152

中。另外疼痛会引发能量猛烈释放的现象，这也不会影响到我们的解释，因为它是以反射的方式发生，也就是说，它根本不必经过心灵装置的干预。在我们所谓的后设心理学中，我们所有的讨论都带有不确定性，这当然是因为我们对于发生在心灵系统因子中的激动历程几乎一无所知，且对此议题所作的任何假设框架也都不认为有足够理由。结果我们一直是在一个很大的未知因素下进行分析，在此我们其实应该将其代入每一个新的分析方程才对。合理的假设也许是这样：这个激动历程可由**不定量**的能量来执行，其中也可能包含一种以上的**性质**（譬如带有振幅的性质）。我们把布洛伊尔的假设作为一个新的因素放入考量，亦即能量释放有两种不同的形式；于是，我们就必须区分出心灵系统（或其因子）当中的两种能量投注——其一是自由流动的投注，朝着释放奔去，另一则是静止的投注。我们也许会有此猜测：对进入心灵装置的能量进行约束，就在于从自由流动转变为静止状态。

我在想，我们也许可以就此来大胆一试，把通常的创伤神经症视为对抗刺激的防护罩发生严重破裂的后果。乍看之下，这很像是在重述那老旧而幼稚的休克理论，与后来心理学上更有野心的理论形成鲜明对比——该理论试图不把病因学的重要性归结于机械震荡的猛烈效应，而是要从惊吓以及对生命所产生的威胁来下手。只不过，这两种对立的观点并非不能结合；而精神分析对于创伤神经症的观点就算在最粗糙的层面来说，也不等于休克理论。后者把休克的本质放在细胞结构的直接损害，甚至认为伤及神经系统因子的组织结构；相较之下，我们企图理解的是防护罩的破裂及随后而来的难题对心灵器官所产生的效果。我们仍然认为惊吓这个因子很重要。造成惊吓的乃是对于焦虑缺乏准备，包括系统缺乏能在第一时间承接刺激的高度投注。由于投注不足，那些系统无法站在有利位置来约束流入的激动量，防护罩破裂的结果，也更容易随之而来。那么，这就可看出：焦虑的准备以及在接收系统的高度投注构成了抵御刺激的防护罩的最后一道防线。在多重创伤的状态下，未作准备的系统和有高度投注而完成充分准备的系统，这两者之间的差异可能就是最终结果的决定性因素；虽然在创伤的强度超过一定限度之时，此一因素也定会变得无足轻重。愿望的实现，如我们所知，是做梦时由幻觉的方式带出来的，在享乐原则的支配下这已变成梦的功能。但是，正在创伤神经症中受苦的患者，他做的梦会如此有规律地把他带回创伤发生的现场，这并不符合享乐原则。所以，我们宁可假定：梦在此处境中是要实行另一种任务，而此任务必须在享乐原则开始支配之前就先完成。这些梦以回顾的方式努力驾驭刺激，其方法是发展出焦虑，而焦虑的遗漏正是创伤神经症的起因。由此，我们就可支撑一个观点，即心灵装置的功能，虽然不会与享乐原则相矛盾，但它独立于享乐原则，且其比起趋乐避苦的目的来要更为原始。

谈到这里，似乎到了个好节点，让我们得以首度承认，即对于"梦是愿望的实现"这个命题是有个例外的。焦虑梦（anxiety dreams），如我已反复而处处呈现其细节，无法提供这种例外。"惩罚梦"（punishment dreams）也不行，因为它只会把禁止的愿望实现替换为适当的惩罚；换句话说，它所实现的愿望乃是罪疚感，

154

也就是对于被责备的冲动所起的反应。但是，那不可能把我们正在讨论的创伤神经症所做的梦归类为愿望实现，也一样不可能对于精神分析过程中所作的那些引出幼年创伤记忆的梦作如此的归类。那些梦毋宁是起于对强迫重复的服从，虽然在分析中那种强迫确实也是由愿望所支持的（那也受到"暗示"的鼓励）[41]，以便把遗忘和压抑的经验召唤出来。因此，梦的功能，即通过让扰人冲动的愿望都实现，把所有会打断睡眠的动机都抛开，似乎并非梦的**本来**功能。要实施这样的功能是不可能的，除非心灵生命的整体都已接受了享乐原则的支配。如果有一种"超越享乐的原则"存在，那也只能随之承认梦之目的为愿望实现之前还有一段时间。这样就不必否认它们后来的功能。可一旦这样的整体规则被打破，就会引发接下来的问题：这些为了对创伤印象进行心理约束而遵从强迫重复的梦——这样的梦难道不也能发生在分析**之外**？而这问题的回答只能是断然的肯定。

　　我曾在他处论道[42]："战争神经症"（其实此词的含义要远多过其所指涉的疾病作发之环境）可能是创伤神经症被自我的冲突所助长。我在本文第130页所指的事实，即一场由创伤同时造成的巨大身体伤害，会降低发展为神经症的机会，只要对精神分析研究所强调的两个事实心里有数，这就会变得很可理解：首先是机械的振荡必

41　〔以上括号中的字，是1923年改写的，较早的版本写的是"那也不是无意识的"。〕

42　参见我在《精神分析与战争神经症》（1919）一文的绪论。

须被认作是性兴奋的根源之一[43]，其次为痛楚、发热的疾病，只要它还在延续中，就会对力比多的分配产生强烈的效果。于是，一方面在创伤中的机械暴力会释放一定量的性兴奋，在此，由于缺乏对焦虑的准备，就会有创伤效应；但另一方面，同时产生的身体伤害，会在受伤的器官上召唤出自恋的高度投注，[44] 就会约束过度的兴奋量。这也是众所周知的，虽然力比多理论尚未充分运用此一事实，但如忧郁症这般严重的力比多分配失调会因为间发的器质性疾病而暂时中止，实际上连已经完全发展出来的早发性痴呆症，在同样的情况下，都会暂时缓解。

V

接受刺激时的人类大脑皮质层，其并没有对抗内在激动的任何防护罩，这一事实的结果是，使这些刺激的后期传导具有经济论的优势，且常会引发经济论的困扰，堪比创伤神经症。这种内在激动最丰盛的来源就是所谓有机体的"本能"——它代表所有源自体内并传导到心灵装置的力量——它在心理学研究上既是最重要，同时也是最隐晦的因子。

这也许不算是轻率的假设，即把发自本能的冲动视为不属于那类**约束的**神经历程，而属于**自由流动的**类型，会朝向释放奔流而

43　参见我在另文（《性学三论》）对于荡秋千与搭火车的效应所作的注记。

44　参见我对于自恋症的论文（1914）〔第三节的开头〕。

去。我们对于这些历程最佳部分的了解是从梦作（dream work）[45] 的研究中导出的。我们在此发现：在无意识系统中的历程基本上与前意识（或意识）系统中的历程不同。在无意识中的投注很容易完全传移、移置和浓缩。不过，这样的处理如果运用在前意识材料上，只会产生无效的结果；而这也说明了前一日的前意识残留根据无意识中的运动法则被重新编排后，显梦中展示出来的熟悉特点。我把发现于无意识的历程类型称为"初级"心理历程，相对于此的就叫"次级"历程，亦即得之于醒着时的正常生活。既然所有的本能冲动都是以无意识系统作为其影响点，因此说它们会遵从初级历程，那就不是什么新说。同样，我们很容易就把初级心理历程等同于布洛伊尔的自由流动投注，而次级历程则等同于他所谓的约束或静止的投注中的变化。[46] 果真如此，那么要把抵达初级历程的本能激动加以约束，就是心灵装置较高层次的工作。不能作有效的约束就会激起堪比创伤神经症的困扰，而只当约束完成时，享乐原则（及其修正，现实原则）才可能一路无阻地支配。到了那地步，心灵装置的其他工作，即把激动加以驾驭或约束的工作，就会领有优先权——确实，不是在享乐原则的**对立面**，而是独立于其外，也在某种程度上对其不予理睬。

强迫重复的显现（我们已经对它作过描述，是会发生在婴儿期

45　译注："dream work"是指做梦时产生的"梦作品"，在此简译为"梦作"，而不用"梦工作"。

46　参见我在《释梦》一书中的第七章。

心理生活的早期活动当中，以及发生在精神分析疗程的事件中）展示出高度的驱力特征 [47]，并且，当它以对立于享乐原则的方式来行动时，就会让这种现身中带有些"魔"力（"daemonic"force）。在儿童的游戏当中，我们似乎看到小孩所重复的苦受经验还出于额外的理由，亦即他们通过主动的活动，会比通过消极经历更彻底地驾驭那些强烈的印象。每一次新鲜的重复似乎都可强化他们所寻求的驾驭能力。儿童不能经常足够多地重复**享乐**体验，且他们会不屈不挠地坚认重复都是相同的。这种性格特质后来会消失。一则笑话听第二次就会失去效果；剧场的演出在看第二回时总不如第一回的印象那么深刻；其实，对一个成年人，几乎不可能说服他把自己非常喜欢看的书立刻重读一遍。新鲜感永远是享受的条件。但是孩子们却会一直要求大人重复玩他给他们看过或跟他们一起玩过的游戏，直到他已玩得精疲力尽。如果对孩子讲了一个好故事，他就会坚持要再听一遍又一遍，而不是再听一个新故事；且他会无情地规定讲法必须一模一样，他还会纠正可能由讲述者带来的更动——虽然实际上，讲述这些故事，希望获得的乃是对其新鲜感的赞赏。

这些和享乐原则都不矛盾；重复，即重新经历同样的事，其本身显然是享乐的一个源头。就分析当中的一个病人来说，相反地，他在传移之中对于童年事件的强迫重复，在每一方面都显得他并不

47　译注：英译本原译为instinctual character（本能特征），但英译者却在注脚中说，弗洛伊德的原文是"Triebhaft"，而此字中的Trieb（drive）是弗洛伊德后来更常用于替换"本能"的字眼，即"驱力"。我们在此依照弗洛伊德的意思，把它替换过来。

理睬享乐原则。患者的一举一动纯粹像个幼儿，由此对我们透露了他所压抑的原初体验之记忆痕迹，在他身上没以约束的状态出现，在某种意义上确定无法遵从次级历程。就是由于这个无法约束的事实，他们有能力通过加上前一天的记忆残余，在梦中形成一厢情愿的幻想。当分析的末期我们诱使患者跟治疗师完全脱离时，这同一种强迫重复在分析中常以治疗障碍的方式跟我们碰面。我们也可假定当那些对分析不熟悉的人感到一种模糊的恐惧——怕会激发某种东西，他们觉得，还不如让它睡着——他们所怕的，实际乃是这种强迫行为的出现，其暗示了某种"魔"力的附身。

但是，是"本能的"——这一谓语，和强迫重复如何相关？谈到这里，我们无法躲避的一个疑点就是：我们可能走上的轨道是本能属性的普遍属性，也可能是一般有机生命的普遍属性，但却一直没被清楚辨认，或至少没曾明白强调过。**那么，看起来，本能就是一种催促力，内在于有机生命本身，为的是让事态回复其较早的状态，**也就是生命实体在外来压力的困扰之下，本应予以放弃的；换句话说，那是一种有机的弹性，或再换个方式说，是有机生命中本身惰性的表现。[48]

这种本能观令我们感到奇怪而陌生，因为我们已经惯于看见本能中有个因素会推动改变和发展，然而我们现在却要在本能中看到正好相反的东西，即生命实体**保守**（conservative）本性的表现。另

48　我毫不怀疑，关于"本能"本质的类似观念，也已经重复说过多次。

外一方面，我们马上会想起动物生命的例子，它们可以肯定此一观点，即本能都是由生命史决定的。譬如某种鱼类，在产卵期进行劳苦的迁徙，其目的是保存所产的卵，把卵藏在特殊的水域，远离惯常的生息地。有很多生物学家对此的意见是，它们会这么做，只是为了找到它们这个物种先前居所的地点，但在时间的演进中，它们已把这些地点换给了其他鱼类。同样的解释相信也可应用在候鸟迁徙的过程——但我们很快就可免除再找更多例子的必要，只要想到有机体强迫重复最令人印象深刻的证据就在遗传的现象以及胚胎学的事实中。我们看到活体动物的胚胎，在它的发展过程中如何不得不重现（就连只以暂时的、简短的方式）其从中起源的所有结构形式，而不是用最短的途径快速地发展为其最终的形状。这种行为只有极微的程度可归因于机械的成因，而历史发展的解释也相应地不能忽视。同样地，通过生出完全相似的器官使失去的器官再生，这样一种力量可广泛延伸到动物世界。

我们应会碰到看似合理的反对，就是在保守本能会驱向重复行为之外，也许还有其他本能会驱向进展以及生产出新的形式。这个论点当然不可忽视，而我们也会在较后阶段把它放入考量。但在当前，我们很容易以其逻辑结论去遵循此一假设：所有的本能都倾向于让一切事物回复到其早期的存在状态。其结果就可能造成神秘主义的印象或只有伪造的深度，但我们先前并未抱有这样的目的。我们所要追寻的只是严肃的研究成果或是根据于此的思考，我们不期望在这个结果中发现除了确定性之外的性质。[49]

　　让我们来这样假设吧：所有有机体的本能都具有保守性，都是在其生命史中所获取，且倾向于回复到较早期的存在状态。因此，有机体发展现象就必定归因于外来和转移的影响。最初级的生命实体打一开始就不会有改变的愿望；假若生活条件维持原样，它就会一直重复同样的生命路线。到了最终的尽头，在有机体发展中留下标志的，必定是我们所生活的地球的生命史，以及它与太阳的关系。强加于此有机体生命路线上的每一种修正都会被保守的有机体本能接受，且贮存为下一步的重复行为。那些本能因此就被约束成一副欺人的样子，看来很像是迈向改变与进展的力量，底子里其实在追求那古老的目标，只是通过新旧两条途径罢了。此外，我们还很可能把一切有机体所奋力追求的这一目标予以特别指出。这就会跟本能的保守本质构成矛盾——如果生命的目标就是从未达到的存在状态的话。相反，那必定是个**老旧的**存在状态，即一开始就有的状态，一个生命实体迟早会从其中脱离而出，然后又会奋力通过其发展所指引的迂回之道返回其中。假若我们认定世间有个绝无例外的真理，那就是所有的生物最终都会因为其**内在的**原因而死亡——重新变回无机物——那么我们就不得不这样说："**所有生命的目的就是死亡。**"然后回头也看到："**无生物存在于有生物之前。**"

49　〔1925年补注〕读者不应忽略的事实是：以下要谈的乃是一条相当极端发展的思路。之后，到了要说明性本能时，就会发现对其进行必要的限制和更正。

生命的属性有时会在无生物中被一种力量激发，而我们对于该激发之力是不可名状的。这在类型上也许很像后来在生物的某特定层次引起意识的发展过程。在本来的无生物中兴起的这种张力奋力要取消自身的存在。[50] 第一个本能乃由此而生：回到无生命状态的本能。在那时，一个生物要死去是一件易事；它的一生可能很短暂，而其方向就已由幼体的化学结构决定了。也许在漫长的时间中，生物因此而必须不断新生且易死，直到决定性的外来影响以这样的方式发生改变，即促使存活下来的物体由它原有的生路上作出多方向的展开，能形成更加复杂的岔路，而后再抵达死亡的目的。这条迂曲的死亡之路，由保守的本能忠实地维系着，于是才能在今日对我们呈现出生命现象的图景。如果我们坚定地维持本能唯一的保守性质，我们就无法获得有关生命起源和目的的其他概念。

正如我们相信的那样，存在于有机体生命现象底下的一大堆本能中的含义，必定显得令人困惑无比。自我保存本能的假设，我们将其归给一切有生命之物者，明明就站在这个假设的对立面——本能生命作为整体是为死亡之路而服务的，由此观看，则自我保存、自我肯定、驾驭激动等本能理论的重要性就会大大减损。它们是部分的本能，作用在于保证有机体会遵循其自身的道路而走向死亡，并挡住任何回到无机物存在的可能道路，除了属于有机体本身之内（的可能道

50　译注：对于无生物有力量而兴起的概念，也许不会比"道生一，一生二，二生三……"的说法更为玄妙。我们所知的汉字"生"，本来就只是指植物之生长，后来这概念就广泛延伸到一切生命之上。

路）。[51] 我们不再考虑有机体在面对所有的障碍时，其维系自身存在的如谜一般的决定（很难放进任何适当的上下文之间）。留给我们的唯一的事实是有机体要以它自身的方式死亡。于是，这些生命的护卫队，原来最初也是死亡的仆从。由此生出的吊诡处境是：活生生的有机体奋力对抗这些事件（事实上就是危险），而这些事件本来是有助于快速达到其目的的——通过的是某种捷径。总之，像这样的行为，正是纯粹本能的特色所在，与智性的努力相对照。[52]

但让我们暂停一下来想想。那是不可能的。性的本能，在神经症的理论中占有相当特殊的地位，其出现在非常不同的面向中。

外来压力虽会引发发展程度的不断增进，却并不会将自身强加于**每一个**有机体身上。很多有机体至今都保持在发展的低阶程度。这样的生物之中许多（虽不是全部）必定很像高级动植物的最早阶段，它们的确至今还活着。同样，构成一种高等有机体的复杂身体的基本实体，它们并非**全都**踏上通往自然死的发展之路。其中有些，即胚细胞（germ-cell），可能保留着生物的原初结构，且在一段时间后用它们全部先天遗传以及后天获取的本能性情，来让它们作为整体从有机体中分离而出。这两种特点可能正是让它们可独立存在的原因。在有利的条件下，它们就会开始发展，也就是把它们赖

51　译注：括弧内的文字是译者所加，因为这里的关系代名词就是指这一长句前面的关键语词"可能道路"。

52　〔在1925年以前的版本，有一注脚出现在此："随之而来的修正那种支持自我保存本能的极端观点。"〕

以生存的行为重复展现出来；最终，它们的实体中有一部分会再度走上发展之途，直走到尽头；至于另外的部分就会再次撤回，作为新生残胚，回到发展过程的最初状态。因此，这些胚细胞是在对抗活体的死亡，并且为其赢得我只能视作潜在不朽性的东西，虽然这意思只不过是在延长死亡之路。假若胚细胞能与本身相似但又不同的细胞结合起来的话，胚细胞的这一功能会受到增强，或者至少有可能如此，我们必须在上述事实中看出最高层次的意义。

一组本能监看着在个体中存活下来的这些初等有机体的命运，当这些初等有机体面临外来刺激手无寸铁时，这组本能提供一个安全的防护罩，也让它们有机会碰上别的胚细胞，等等——这些本能就构成了一整群的性本能。它们是保守的，和其他本能毫无二致，这在于它们带回了生命体的早期状态；但它们的保守性还有更高一层次，在于它们对外来刺激有奇特的阻抗力；而在另一个意义上，它们也是保守的，那就是它们要在相对长的时间里保存生命本身。[53]它们才是真正的生命本能。它们的运行之道和其他本能的目的可谓背道而驰——以功能而言，其他本能乃是导向死亡的；而此一事实指出它们和其他本能之间有对立关系，这样的对立的重要性在很早之前已被神经症理论辨认出来。于是有机体的生命就好像是以摆动的节奏迈进。有一群本能急急向前冲以便尽可能迅速达到生命的最终目标，但当前进至一个特定阶段时，另一群则会向后跳回某定点

53　〔1923年补注〕然而只有在它们身上我们才可将内在冲动归因于"进步"和迈向更高层次的发展！

以便制造新起点，从而延长生命的旅程。虽然可以肯定，性欲和性别在生命的起点并不存在，但仍有一种可能，即在往后可描述为"性"的本能仍是在一开始就已开始运作了，以及往后它们才开始对抗"自我本能"[54]的活动，这一说法可能并非正确。

让我们暂时回头并重新推敲一下：我们的这些推想是否有任何根据可言？是不是真的，**在性本能之外**，就没有其他的本能会寻求恢复早期的存在状态？没有其他本能会以未曾达到的存在状态为其发展的目的？在有机世界中，我不知道还有其他的显例在其特征上可以跟我所提处的相矛盾的。毫无疑问的是，在动植物世界中，没有一种普遍本能朝向更高的状态而发展，就算不可否认发展本身事实上也是朝着那方向前进的。但是，一方面，当我们宣称发展的某一阶段高于另一阶段，那常只是个人意见的问题；另一方面，生物学告诉我们，在某面向的高度发展，经常会通过其他面向的退化而平衡。更有甚者，有许多动物的形式，我们从其早期阶段就可作推论，相反地其发展乃是采取逆行特点。高度发展与退化这两者就很可能是适应外来力量的后果，而在此两种情况中，本能所扮演的角色可能只限于保留住（其形式即为内在根源的享乐）强制性的修正。[55]

54　〔1925年补注〕必须了解的是，此一脉络中的"自我本能"是作为暂用的描述，衍生自最早期的精神分析术语。

55　费伦齐（1913，137）曾以不同的思路推至同样的结论："假若以这种想法推至其逻辑的结论，你就必须让你自己熟悉此一观念，即有机生命有保存倾向或退行倾向，两者同时具有支配力，至于进一步的发展或适应等等倾向，则只会在外来刺激之下才变得活跃。"

对我们之中的许多人而言，很难放弃这种信仰，即人类身上有一种迈向完美的本能在运作，这种本能使人类达到了目前智性成就上的高峰以及道德上的升华，且期待它们会监控着人类朝向超人（supermen）而发展。只不过，我不信有这种内在本能的存在，而这种立意本善的错觉，我看不出为何需要保存。在我看来，人类在当今的发展，其解释和动物的发展没有两样。人类当中有极少数的一些个体有孜孜矻矻地追求精益求精的冲动，但那也很容易理解为本能压抑的结果，而人类文明中最珍贵的东西正是基于本能压抑。受压抑的本能会无休无止地奋力追求完全满足，其在于原初满足体验的再三重复。没有任何替代或反动的形成（substitutive or reactive formations）[56]，也没有升华作用足以挪开受压抑本能的持续紧张；而那是在两种量上的差异提供了驱动因素——享乐的满足**所需**之量，及其实际**达成**之量——该驱动力不允许在任何已达到的点上停留，但以诗人的话来说："永不减速地向前冲去"（ungebändigt immer vorwärts dringt）。[57] 其中导往完全满足的逆向道路则通常会受维持压抑的阻抗所挡。所以没有别的路可走，只能朝着仍然开放的成长之途向前走去——虽然没有将此过程带向结局的前景，也没有能达到目的的展望。这些过程包含了恐慌神经症（neurotic phobia）的形成，而这不是别的，正是要逃离本能满足的企图，这些过程向我们呈现了此一假想的"朝向完美的本能"的原初方式模型——但

56　译注："reactive（reaction）formation"一词常见译名是"反向形成"，但衡诸此词的意思，"反向"不如"反动"，也就是抑制冲动或行动。

57　《浮士德》第一部第四景中，魔鬼化身的梅菲斯特所说的话。

此本能不可能是**每一个**人类都秉具的。它的发展所需的**动力论**条件其实是普遍存在的；但只在少数情况下，**经济论**处境似乎有利于生产出（朝向完美的）现象。[58]

我只要再补上一句来表明，"爱洛思"（Eros）[59]竭尽心力将有机的实质纳入更为宽广的统一体，也许正是有此，可能提供一替代物给"朝向完美的本能"，而我们仍难以承认这种本能的存在。归因于这种本能的现象，似乎可以通过结合爱洛思的种种努力和压抑的结果这两者来加以解释。[60]

VI

我们这趟探索的结局，到目前为止已为"自我本能"和性本能画下一道鲜明的界线，也产生了一个观点：前者将压力推向死亡，而后者则推向生命的绵延。但这样的结论在很多方面总让人觉得不满意，甚至我们自己亦然。更有甚者，实际上我们只能把前面那群本能归于在保守（乃至倒退）的特色下，堪与强迫重复相应。因为

58　译注：本句中括弧内五字为译者所加，因为原文使用定冠词"the"就是指上一句"朝向完美的本能"。这种本能虽属普遍的动力论条件，却只在少数经济论处境中才能出现——本能动力经过特殊的权衡之后才会成为"朝向完美"的有利条件。

59　译注："爱洛思"作为希腊神话人物 Eros 的译名，不必以其所指的一种可能属性 erotic 来为之强名。盖因 Eros 既是欲也是爱，但译作"爱欲"会使这个现代汉语的重心落在"欲"，偏离原意，故最好还是以"五不翻原则"，只译其音。

60　〔这最后一段是 1923 年所补加，为下一章对爱洛思的说明先给一点伏笔。〕

在我们的假设中，自我本能是起于无生物开始有生命之时，并且会一路走向无生命状态；然而谈到性本能，虽然它们确实会重新生产有机体的原始状态，但它们通过每一可能的手段所瞄准的，是让两种经过特殊分化的胚细胞得以结合。如果这种合体没有完成，胚细胞就会随着多细胞有机体的其他因子一起死亡。只有在此条件下，性功能才可以延续细胞的生命，且让它获得不朽的样貌。但是，对于在有性生殖中不断重复的生命实体的发展，其中究竟是什么要事？或说，对于其前者，即在两个原生生物（protista）的结合中重复的生物发展，其中到底有何重要事件？[61] 我们还不能回答，是故我们这整套论证结构如果最终证明是错的，我们应该可以就此释怀。在自我或死本能（death instincts）[62] 以及性或生本能之间的对立，也可就此解消，而强迫重复也就不再具有我们赋予它的重要性。

我们这就回过头来，谈谈我们已经说过的一个假定，期望我们能有办法来给它作个斩钉截铁的否定。我们已经从假设中拉得很远而得出这样的结论：所有的生物都因内在的原因而死。我们之所以会轻率作出这样的假设，是因为它对我们而言并非假设。我们很习惯认定这是事实，而我们的想法又被诗句所强化。也许我们接受了这种信仰，是因为其中有某种安慰的意思。如果我们自己会死，且首先会因死亡而失去最亲爱的人，那么，就会比较容易顺服于无情

61　译注：弗洛伊德在此句中用的 protista 和下文用的 protozoa，同样是用来指单细胞有机物，没有什么分别。也就是和前文开始谈的"幼芽细胞""原生质"等都是一样的意思。

62　〔此词第一次在出版物中出现。〕

的自然法则，即崇高的Ανάγκη（anánkē，必然性），而不是避开可能的偶然机会。不过，这种对于死亡之内在必然性的信仰可能只是另外一个错觉，我们创造的"承受存在的负担"[63]之说中的另一个。这当然不是什么原初的信仰。"自然死亡"（寿终正寝）对于原初民族来说是相当陌生的观念，他们把身边的每一次死亡事故都归因于敌人或邪魔的影响。因此我们必须转往生物学以便考验该信仰的效度。

如果我们真的这么做，我们可能会很吃惊地发现：在生物学家之间就自然死亡这一问题几乎没有一致意见，且事实上整套死亡的概念到了他们手中就只会烟消雾散。至少在高等动物中寿命会有平均的长度，这一事实有利于死亡源于自然原因的论点。但这样的印象马上受到挑战，如果我们考虑的是某些大型动物以及某些巨木，它们的寿命很久，目前都无法计算。根据威廉·弗利斯（Wilhem Fliess，1906）的一个大概念，有机体所展现的一切生命现象——以及，无疑的，包括它们的死亡——都与固定周期的完成相联，这表明两种生命实体（一雄一雌）对太阳年的依赖性。不过，我们只要看看外在影响力是多么容易和多么广泛地修正生命现象的出现（尤其在植物世界）——不论是就促进或延缓而言——疑点马上就会指向弗利斯公式的僵化，或至少指向他所立下的法则是否足以担当唯一的决定因素。

63　〔弗洛伊德在此引用的是诗人席勒的一句"um die Schwere des Daseins zu ertragen"（"承受存在的负担"），出自 *Die Braut von Messina*, I, 8.〕

最令我感兴趣的，是以我们的观点看魏斯曼（Weismann, 1882, 1884, 1892, etc.）对于"有机体寿命的持续和死亡"这个议题的处理。是他引介了生命实体有可朽与不朽这两部分的区分。可朽的部分是狭义上的身体——希腊文"σῶμα"（"soma"，躯体）——只有这部分会自然死亡。另一方面，胚细胞具有不朽的潜质，只要它能在某种有利条件下发育成为新的个体，或换句话说，会用新的躯体来包住它自身（Weismann, 1884）。

这种说法很令我们吃惊，因为这与我们的观点出乎意料地相似，而他达到此结论的思路和我们迥然不同。魏斯曼是以形态学（morphological）观点来看待生命实体，他在其中看见有一部分注定会死亡——躯体，与性和遗传有关物质相脱离的身体——以及另外有不朽的部分——种质的繁殖，与物种的存活有关。另一方面，我们不是处理生命实体，而是其中的力量运作，因而导致区分两种有别的本能：一部分是将生命带向死亡，另一部分（即性本能）则永远尝试并达到生命的更新。这样听起来就很像对魏斯曼形态学理论重新作动力论的理解。

但这种看似颇有意义的对应关系，一旦看过魏斯曼关于死亡观点的问题之后，就会立刻瓦解。因为他只把可朽躯体与不朽种质之间的区分放在**多细胞**有机体上来谈；但在单细胞有机体上，长成的个体和繁殖细胞仍是同一个（Weismann, 1882, 38）。于是他认为单细胞有机体具有不朽的潜质，而死亡只在多细胞的后起生物中才会出现。这样说是对的：高等有机体之死是自然的死亡，死于内在的原因；但这并非建立在生命实体的原初特色上（Weismann，1884，84），并且也不可视为以生命本质为基础的绝对的必然性（Weismann，1882，33）。死亡毋宁是个权宜之计，是生命调适于外在条件的展现；因为，当身体细胞区分为躯体细胞与种质之后，个体生命的无限延长就会变为相当没有意义的奢侈现象。当多细胞有机体作出这种区分之后，死亡就变得可能，也是方便。因为到那时，高等有机体的躯体在固定周期内由内在原因而死，然而原生生物仍能维持其不朽。这并非实情，因为从另外一方面来看，繁殖就必须与死亡同时被引入。反过来说，它是生命实体的原初特色，就像生长一样（源于生长），生命自从在地球上开始以来，就一直是延续不断的（Weismann，1884，84f）。

我们马上就可看出，以此方式承认高等有机体会有自然死亡，对我们而言没什么帮助。因为如果死亡是有机体在其**晚期**所获取的，那么就不存在地球上从生命诞生之初就带有死本能之说。多细胞有机体会以内在原因而死，是由于有缺陷的分化，或有不完善的新陈代谢，但从我们的问题角度来看，这不是我们的兴趣所在。这样说明死亡的起源，比起"死本能"这一陌生的假设来说，其与一般人所习惯的思考模式的差异更小。

遵循魏斯曼所提示的思路走下去，依我所见，得不出任何有结果的结论。[64] 有些作者回到哥特（Goette，1883）的观点，其认为死

64　参见哈特曼（1906）、李普许兹（Lipschütz，1914）和Doflein（1919）。

亡即是繁殖的直接结果。哈特曼（Hartmann，1906，29）则不把"死亡的身体"之出现——生命实体的死亡部分——视为死亡的标准，而将死亡定义为"个体发展的终止"。依此而言，原生生物也不会是不朽的；在它们身上，死亡永远会与繁殖重叠，但在某种程度上也会因此被后者掩盖，因为亲代的整套实体就直接传入子代。

不久之后，即开展研究，对所谓不朽生命实体的单细胞有机体进行实验检核。一位美国的生物学家伍德鲁夫（Woodruff），以滴虫（ciliate infusoria）来进行实验，这种"拖鞋状的微生物"（slipper-animalcule），其繁殖方式是通过裂变分裂成两个个体，一直繁衍到第 3029 个世代（这是实验停止的时间点），他每次都把新生的个体取出，放进新鲜的水中。这个来自第一代滴虫的遥远后代，就像它的老祖宗一样鲜活，也没显现任何老化或退化。于是，如果这样的数字可以证明什么，那就是原生生物的不朽性在实验上是可证明的。[65]

其他的实验者却发现了不同的结果。莫帕斯（Maupas）、寇肯斯（Calkins）等人，和伍德鲁夫相反，发现某一定数量的分化后，这些滴虫会弱化，体型缩小，失去身体组织的一部分，最终难免死亡，除非对其施以一定的恢复措施。若果如此，原生物会出现衰老期，继之以死亡，正如高等动物一样——由此可与魏斯曼所主张的"死亡是活的有机体在晚期所获取的"之说完全相反。

65　对此及后续研究，可参见李普许兹（1914，26及52 ff.）。

从这一堆实验研究中，有两项事实突显出来，给我们提供了坚实的立足点。

　　第一，假若两个微生物，在它们显现老化迹象之前，有办法进行结合，也就是"交配"（在那之后它们会立刻分开），它们避开了衰老而"恢复年轻"。交配无疑是高等生物有性生殖的前奏，但那还无关乎繁殖，只限于两个体之间的物质混合［魏斯曼称之为"两性交合"（amphimixis）］。不过，交配之中的活力恢复（rejuvenating）效应可由其他方式来取代，如施以某种刺激物，或改变可提供营养的液体成分，或升高它们的温度，或摇动它们，等等。我们这就会想起一个闻名遐迩的实验，是由娄卜（J. Loeb）所做的。他利用某种化学刺激物来诱发海胆卵的细胞分裂——此一过程通常只会出现于受精之后。

　　第二，然而很可能滴虫会自然死亡，那是其本身生命历程的结果。伍德鲁夫等人的发现的矛盾之处在于给每一代都换用新鲜的营养液。假若他省略这一步，也会和其他人的实验一样看到老化迹象。他的结论是：微生物被那些挤进周围液体中的新陈代谢物所伤害。因此他证明了他的结论：对于这种特殊的微生物来说，只有它**自身的**新陈代谢物会带来致命的结果。因为同样的微生物，如果它们挤在自己的营养液中，那它们难免于灭亡，但如果处在由远房亲属排泄物造成的过饱和溶液中，则它们就会旺盛生长。因此，一只滴虫如果独处，会因为其自身新陈代谢物的不足而导致自然死亡（也许由于同样这种无能，在所有的高等动物中，这也就构成其终极的致死原因）。

谈到这里，我们心中难免会生出一个疑问：由原生生物的研究出发来解决自然死亡的难题，这一行为是否出于某种目的？这些生物的原始组织可能把重要的条件隐藏起来，虽然在它们身上确实存在，但必须到了高等动物，其身上拥有形态学上的表现力，才会变得**可见**。如果我们放弃形态学而采取动力论观点，那么，自然的死因是否可在原生生物身上发生且显现出来，那就完全不是我们所关切的问题。到了后来才被辨认为不朽的实体，其本身和可朽的物质尚未分离开来。本能的力量会设法把生命导向死亡，这在原生生物中也一样自始即起着作用，只不过这样的效应也许被维生的力量完全掩盖，以致很难有任何直接证据来证明其存在。更有甚者，我们还看到生物学家的观察让我们可以假定：这种导向死亡的内在历程确实也发生在原生生物之中。但就算原生生物就魏斯曼的意义而言会变成不朽，他所肯定的"晚期取得之死亡"就只能应用在死亡的**明显**现象上，而不会使**倾向于**死亡的假设成为不可能。

因此，我们原期望生物学可以直截了当地反驳"死本能之承认"这回事，但生物学办不到。我们就可自由自在地让自己继续关切其可能性，如果我们还有其他理由这样做下去的话。在魏斯曼所区分的胚体与种质，以及我们从生（命）本能中分辨出来的死本能，这两者之间有惊人的相似性，这种相似性继续存在，其重大意义也会保持下去。

174

对于本能生命有这般突出的二元论观点，我们的讨论可以在此暂停一下。根据赫林（E. Hering）的理论，生命实体中有两种历程一直存在，以相反的方向运作，其一是建设性或同化性的（assimilatory），另一则是分解性或异化性的（dissimilatory）。我们是否可以勇敢承认：在生命历程的这两个方向中，有我们所谓的两种本能冲动方式，亦即生本能与死本能？无论如何，此外总是还有别的，我们也不能视而不见。我们已经不知不觉地驶上航道，进入叔本华哲学的港湾。对他而言，死亡乃是"真正的结果，在那个意义上而言是生命的目的"[66]，而其中的性本能乃是生命意志（will to live）的体现。

让我们来个大胆的尝试，再向前迈一步。一般人都认为，联合若干细胞为一个生命结合体——构成有机体的多细胞性质——就变成延长生命的手段。一个细胞帮助另一个细胞保持生命，而一整个细胞群就可存活下去，即便有个别细胞必须死去。我们已听说交配也是如此——两个单细胞有机体暂时的结合会同时对双方都有维系生命、恢复活力的效应。据此而言，我们也许可尝试将精神分析中提出的力比多理论，运用于细胞相互关系的理论。其中的生（命）本能与性本能在每一个细胞中都很活跃，我们可假设它们会以其他细胞为对象，让那些细胞中的死本能局部中立（亦即它们所启动的

66　叔本华（Schopenhauer, 1851; *Sämtliche Werke*, ed. Hübscher, 1938, 5, 236）。译注：弗洛伊德引述的句子出自*Parerga and Paralipomena*（2 vols., 1851），叔本华晚年所作的哲学沉思集，在《全集》第五卷，236页。

历程），由此而保存其生命；与此同时，其他细胞也为**它们**做同样的事，更有别的细胞为了让此种力比多功能实施而牺牲其自身。胚细胞本身的行为方式是完全"自恋"——这是我们惯用于神经症理论的一个语，用来描述那整个个体，他把他的力比多完全保留在其自我中而不付诸任何对象投注。胚细胞需要力比多，即其生（命）本能为其自身所作的活动，当作储备，用以对抗后日重大的建设活动（破坏有机体本身的恶性新生细胞，这就该以同样的意义被称作"自恋"：病理学早有准备来将此类胚芽视为先天的，并将胚胎的属性赋予它们）。[67] 我们的性本能中的力比多以此方式对应于诗人与哲学家笔下的爱洛思，这是把一切生命兜拢起来的东西。

那么，此处就是个机会，来回顾我们的力比多理论为何发展迟缓。最初的实例出现在传移神经症的分析中，是它迫使我们注意到"性本能"和某些其他本能之间的对立。性本能是要朝着对象而去的，但其他本能却是我们还不够熟悉的，我们就姑且称之为"自我本能"。[68] 其中的首要位置必然要让给个人的自我保存本能。很难说它们可以划出什么区分。作为真正的心理科学基础，没什么知识能比此更有价值的——对于本能的共同特征以及可能的区分做出大致的掌握。但是在心理学其他领域，每位心理学家都假设他所选择的种种本能，或一些"基本本能"的存在，然后就像古

67　〔此句为1921年所添加。〕

68　〔譬如对于这种对立，其说明出现在弗洛伊德论视觉的心因性困扰的文章中（1910）。〕

希腊的自然哲学家对于所谓的四大因素——土、气、火、水——那般，去变尽把戏。精神分析也无法避免要对本能做出**某些**假设，最初保持这一流行的区分，最典型的区分就是"饥渴与爱情"这一短语。[69] 至少那还不算是什么胡说，以此之助，对于神经症的分析乃可往前大步迈开。关于"性欲"的概念，同时还对于性本能，就真的必须广泛延伸，以致能够包含不只是属于生殖功能这个类别的种种事物；而这就导致一场不算小的喧嚣，在这个严苛的，或可敬的，或只是假道学的世界里。

当精神分析感觉到自己的路数接近于心理学的自我——首先只知自我是个压抑与审查的机制，有能力树立起保护性的结构以及反动的形成，就采取了下一步。但其实，有批判性和远见的人很早以来就反对把力比多的概念限制在只针对某一对象而释放能量的性本能。但持此想法的人也无法解释他们是如何得出他们这一更好的认识，或从其中导出精神分析可加以利用的任何东西。更为谨慎的向前探索，使精神分析观察到力比多会有规律地从对象撤回到自我（此即为内向 [70] 的过程）；此外，经由研究幼儿早期的力比多发展，得出此结论：自我才是力比多真正的源头和水库 [71]，而只有出

69　译注：这种流行的俗话，就跟我们所熟悉两千年的"食色性也"一模一样。

70　译注："内向"是 introversion 的译名，见《论自恋：导论》一文的注12。

71　译注：对于这种观念的完整说明，请参见本书中的《论自恋：导论》一文。不过，对于"力比多的大水库"何在，弗洛伊德在《自我与伊底》一书中更正了说法，把它设定在伊底，而不在自我。关于把 id 译作"伊底"而不用"本我"的译名问题，请参见译者导论的说明。

自这水库的力比多才能奔流到各个对象。自我在此发现它在各个性对象之间的地位，且立刻会在其中被安置于第一优先位置。以此方式居留在自我之中的力比多就是所谓的"自恋"。[72]自恋的力比多就字面分析的意味而言，当然是性本能力量的显现，而它也必然会与"自我保存本能"相一致，其存在是第一个被认出来的。于是，自我本能与性本能之间的原始对立在此就不足以证明了。自我本能中有一部分可看成力比多；性本能——很可能是与其他本能并行——在自我之中的运作。然而我们有充分理由可说：旧的公式里所认为的"神经症乃基于自我本能与性本能之间的冲突"，至今倒还是不必否定。只不过此两种本能之间的区分，原本认为只是某种**质性上的**（qualitative）差异，现在必须另指出不同的特点——**地形学上的**差异。特别是传移神经症，即精神分析研究的根本题材，是自我与力比多的对象投注之间所产生的冲突之结果，这一说法仍正确。

但对我们而言，更须强调的是自我保存本能中带有的力比多特色，因为我们正大胆地迈向下一步，把性本能认作爱洛思这个万事万物的保存者，将自我的自恋力比多从力比多的库存中抽引出来，正是通过这一力比多库存，身体的诸多细胞得以相互结合。但如今我们突然发现自己面对着另一个问题。假若自我保存的本能也有力比多本质，那么，是否除了力比多本能之外，就根本不再有其他的本能？在所有的事件中，可见的都见到了，没有别的。情况真是如此的话，我们会被逼到非同意我们的批评者不可——他们自始即怀

72　请见我的《论自恋：导论》（1914）一文。

疑精神分析以性来解释万事万物，或譬如像荣格那样的改革者，遽下论断地把"力比多"视为普遍的本能力量。难道非得如此不可？

　　无论如何，我们可没那个意图要产生这样的结果。我们的论证出发点在于我们认为有个明确的区分：自我本能相当于死本能，而性本能则相当于生（命）本能。（我们在某一阶段曾预备把自我的自我保存本能包含进死本能之中，但后来我们对这一点作了修正，并把它取消。）我们的观点自始即为**二元论**（dualistic），而在今天甚至比以往更确定是二元论——现在我们把对立描述成：不在于自我本能与性本能之间，而在于生本能与死本能之间。荣格的力比多理论与此相反，是个**一元论**（monistic）；事实上，当他把他那唯一的本能力量称为"力比多"时，很容易造成混淆，但那对我们没有影响。我们怀疑有其他不同于自我保存本能的本能在自我之中起作用，而且我们应该有可能把它们指出来才对。然而，很不幸的是，对于自我的分析（analysis of the ego）[73]一直没有什么进展，以致我们都难以为继。其实，很有可能在自我之内的力比多本能有其独特的门道[74]来和其他我们尚未熟悉的自我本能联结。甚至在我们对于自恋症有任何清楚的理解之前，精神分析就曾怀疑有力比多成分附着于"自我本能"。但这是非常不确定的可能性，而我们的对手也就

73　译注：自我的分析（analysis of the ego）是指对于个案（个体或集体）的"自我"（the ego）进行分析，而不是对自己的分析（self-analysis）。譬如可见的显例是弗洛伊德的《群体心理学与自我的分析》。

74　〔只在第一版中有此一句："……透过本能的'汇流'（confluence），这是借用阿德勒（Adler，1908）的用语……"〕

不太会注意。困难之处仍然是精神分析让我们迄今无法指出在力比多本能之外还有任何（自我）本能。不过，那也不至于构成理由，让我们陷入结论，说事实上就没有别的本能存在。

在当今支配本能理论的模糊中，若拒绝任何能承诺为此投下一线曙光的主张，实为不智之举。我们正是在生本能与死本能的剧烈对立之间而开启了我们的航程。现在对象爱本身也为我们呈现了第二个类似两极性的实例，即在爱（或情谊）与恨（或攻击性）之间。要是我们能在此两极之间拉出关系，也能从其中之一极衍生至另一极，那该多好！从一开头我们就已在性本能中辨认出虐待狂（sadism）的成分。[75] 就我们所知，它本身即可使自己独立，并可用泛转的形式支配一个人整体的性活动。它在出现之时即已是我所谓"前生殖期组织"（pregenital organizations）之一当中具有优位本能成分。但是，这个虐待本能，其目的本是要伤害其对象的，又怎能衍生自担任生命保存者的爱洛思？是不是很有可能假设这个虐待狂事实上就是死本能，只是在自恋力比多的影响之下，被迫必须离开自我，结果也只能在与对象的关系中现身？现在它开始为性功能服务了。在力比多组织的口腔期，要获取对象情欲掌控权的活动，正好与对象的摧毁一致；后来虐待本能分离出去，最终到了生殖为主的时期，它就为了繁殖的目的而实施压倒性对象的功能，达到有必要执行性活动的程度。其实也可说，被迫离开自我的虐待狂，是在为性本能中的力比多成分指路，而这些力比多乃能循路到达对象。

---

75   这在《性学三论》第一版（1905）中即已出现。

在原初的虐待狂都没受到任何减缓或混杂之处，我们就会发现情欲生活中很眼熟的爱与恨的模棱两可。

　　若这样的假设成立，那么我们就会碰上这样的要求，叫我们制造出一个死本能的实例来——纵然是个误置之例。但这种看待事物的方法，实在很难捕捉并给人创造出一个确然而又奥妙的印象。这会让人疑心重重地以为，我们是想要在一个令人尴尬至极的处境中，不计代价地找到出路。只不过，我们也许会想起来，这种假设其实了无新意。我们在更早的场合已提出过一个这样的假设，就是在尴尬处境的问题出现之前。那时的临床观察引导我们看见受虐狂（masochism），也就是一种与虐待狂互补的本能成分，它被视为逆转回主体的自我本身的虐待狂。[76] 但本能从对象转向自我，以及从自我转向对象，这两者在原则上没什么不同——这是目前的讨论中的新点子。受虐狂，本能逆转回到主体本身的自我，在那种情况下就会是转回到本能史的较早期，也就是一种退行。早先对于受虐狂的说明必须加以修正，因为在某一方面过于笼统：有一种东西**也许**可称为基本受虐狂——我在当时已对此可能性提出了异议。[77]

76　请参见我的《性学三论》（1905），以及《本能及其周期兴衰》（1915）。

77　这些臆想之中有一大部分是由萨宾娜·斯皮勒林（Sabina Spielrein，1912）在一篇很具启示性也颇有意思的文章中首先预告的，但很可惜的是对我而言还不完全清楚。她在其中把性本能中的虐待狂成分描述为"毁灭性"。斯塔克（A. Stärke，1914）又试图把力比多概念本身认定为生物学上推向死亡的动力概念（在理论基础上作此设定）。也可参见峦克（1907）。以上所有的讨论，正如在本文中，都给出了证据表示还未澄清的本能的理论需要澄清。

不过，还是让我们回到自我保存的性本能上来。原生生物的实验已经对我们显示，交配——两个独立的个体在交合之后立即分开，没有发生随后的细胞分裂——对于双方都会有强化及恢复活力的效应。[78] 在它们的后代中也没出现退化的迹象，且看起来有能力产生对于其自身新陈代谢带来的伤害有更长时间的抵抗效应。我认为，也许单就此一观察也可作为性结合所产生的典型效应。但为何两个仅有少许不同的细胞一结合就能够产生这种生命的新生效应？另一种不是让原生生物结合而是改用化学剂或机械刺激的实验（参照李普许兹[1914]）就能使我们对此一问题作出不疑有他的结论。这一结果是经由汇集某一定量的新鲜刺激而产生。这就跟上述的假设若合符节：个体的生命历程引发内在原因以消除化学张力，也就是带来死亡；反之，跟不同的个体的生命物质结合则会增加张力，引入所谓新鲜的"生命差异"，因之而能够活下去。至于这种差异性，那就必须有一种或几种最适条件。心灵生活，以及也许是一般的神经生活中的主导倾向，乃是为道日损，维持恒量，或去除来自刺激的内在张力 ["涅槃原则"（Nirvana principle），这是借用芭芭拉·娄（Barbara Low, 1920）的用语]——在享乐原则中找到表达的一种倾向，而我们能认得该事实乃是我们相信死本能存在的最强理由。

但我们仍觉得我们的思路被这一事实阻碍，亦即我们无法把强迫重复归因到性本能的特征中，而正是这最初把我们抬上了死本能

78　参见上文所引述的李普许兹（1914）。

182

轨道。在胚胎发展历程的环境中，这种重复的现象无疑是极为丰富的。参与性的繁殖的两个胚细胞以及它们的生命史本身，只是在重复有机生命的源头起点。但性生活所引导的这些历程，其精髓乃在于两个细胞体的结合。仅这一点就保障了高等有机体的生命实体具有不朽性。

换句话说，对于有性生殖的起源，以及普遍的性本能，我们需要更多的资讯。这个难题会让外行人望之却步，而专家本身又还无法解决。因此我们应先从成堆不谐和的主张与意见中，就与我们的思路相关的知识先给点简洁的摘要。

在这些观点中，有一种会把繁殖的问题呈现为成长过程的部分显示（参见分裂增殖、发芽或芽生的繁殖）而剥除其神秘迷人的性质。有性分化的胚细胞的生殖现象，其起源可能被描绘成一幅严格遵守达尔文主义路线的图景，所凭依的假设乃是两性融合的优势，亦即两原生生物在偶然的交配中获得的某些属性，其到了往后的发展中会保留下来，又会脱除。[79] 在此观点之下的"性"根本不是什么非常远古的事情，其目的在于引出性结合的异常暴力的本能，会重复某些原本只是偶然发生的情况，后来才被构筑成有利的条件。

79　虽然魏斯曼（1892）也拒绝了这种优势："受精现象中并未有相应于生命的活化与新生的部分，也无须为了延续生命而发生：那只是一种安排设计，好让两种不同的遗传倾向得以交合。"然而他还是相信这种交合会导致有机体多样化的增加。——译注：弗洛伊德的发展理论中曾提到长出幼齿，后来会脱落换成新牙的现象，当属此意。

问题就在此出现，正如在死亡的案例中一样，把那些实际展现的特征单独归给原生生物，是否正确？或者假定只有在高等有机体中可见的力量与过程第一次起源于这些有机体，是否准确？上述对于性的观点对我们的目的而言没什么帮助。可以提出的反对意见是说：它有个前提，即假定了生本能早已在最简单的有机物中存在；不然的话，交配的行为既然跟生命历程是反其道而行，也让生命的终止变得更为困难，它就不会保存下来且步步精化，而应避免才对。因此，如果我们不放弃死本能的假设，我们就该假定那些本能从一开始就是和生（命）本能连在一起的。但我们得承认，果真如此的话，我们就是在解答一个方程式，其中带有两个未知量。

在此之外，对于性的起源，科学能告诉我们的如此之少，我们可把这个难题比作踏进一片黑暗，连一线假设的曙光都无法穿透。在相当不同的领域中，我们倒是真的碰上了这样的假设，却是如此地如梦似幻——毋宁更像是神话而非科学解释——以至我真不该把它大胆说出来，要不是因为它正巧实现了我们所欲求的条件。因为它追溯到一种本能的源头，指出**需要回归到较早的存在状态**。

我所在意的，当然是柏拉图让阿里斯托芬（Aristophanes）在《会饮篇》中说出的理论，其所处理的不只是性本能的起源，还及于其对象关系之最重要的变形。"人类原初的本性不像当今的样子，而是不同的。首先，原本的性别有三，而非如今的两性；那时有男、有女，还有两性合一……"关于这种原初人的每一面向都是双重的：他们有四手四足，两张脸，两个私处，等等。后来宙斯决定把这种人剖为两半，"就像山梨要先剖半才能酱泡"。在分割完成后，"这人的两半，各自追求他的另一半，走到一起，互相环抱，急着想重新长成一个"[80]。

我们应该追随诗哲所给的暗示，且大胆提出这样的假设，说生命实体在其开始有生命时会分裂成两个小半体，而后又会透过性本能而劢力追求重合？而这些本能之中有无生物的化学亲合性维持着，在原生生物的世界中发展的这些本能，逐渐克服那带有诸多危险刺激的环境为其奋斗所造就的困难——这种刺激会逼使它们形成一层护皮？这些由生命实体分裂出来的碎片以此方式发展到多细胞状态，最终将此寻求重合的本能以高度集中的方式转移到胚细胞？

80　〔1921年补注〕我要谢谢维也纳的龚佩尔兹教授（Professor Heinrich Gomperz）对于柏拉图神话来源所作的讨论，下述文字有些是他的原文。值得注意的是，基本上相同的理论在《奥义书》中已经出现。我们发现如下的段落出现在《广林奥义书》，1，4，3，其中描述来自Atman（自我）的世界之源，如："彼觉无欢。故孤寂者恒觉无欢。彼愿有副身。彼身甚巨，如夫妇同体。彼嗣后使我身一分为二，分后起身即为夫妇矣。故耶若婆怯曰：'吾等二身如贝壳各半矣。'故本无即已为妇填满。"《广林奥义书》是诸《奥义书》中最古老的一本，有识之士对其流传时代所作的权威考据俱称此书应不晚于公元前800年。我个人对于流行的意见相反，即我很犹豫是否能断然否定柏拉图神话有可能导源自印度，即便是间接的，因为类似的可能性在教义的远距流传中无法排除。就算这类的衍生可以得证（其首例是毕达哥拉斯），这两轨的思路之有此巧合，其意义不可小觑。因为柏拉图不会接受这类通过某种东方传统而为其知晓的故事——更别说会把它放在如此重要的地位——除非对他产生的印象中含有一点真理的因子。有一篇文章对于柏拉图之前的此一思路作了很有系统的检视，即齐格勒（Ziegler，1913），他一直追溯到巴比伦的源头。

但在此，我认为，已经走到该分道扬镳的时刻。

无论如何，不会没有几行字来表达批判的反思。可能有人会问我，上文所说的那些假设中的真实性我是否相信或信得多深。我的回答是这样的：我本人并不相信，也无意说服别人来相信。或者，讲得更准确一点，就是我不知道我对此信得有多深。在我看来，根本没道理让一个信念中的情绪因素闯入这个问题来。当然一个人很可能把自己投入一条思路，并且沿路而去，不论是由于单纯的科学好奇心，或者，如果读者喜欢的话，也可说是作为一个魔鬼的代言人（advocatus diaboli），但并不因此而卖身给魔鬼。[81] 我不想为这一事实争论，即本能理论中的第三步，我虽把它放在本文中，但不能宣称它可与前两步的确定性相比——对于性概念的延伸，以及关于自恋症的假设。这两套革新的观念是直接从观察中转译成理论的，与所有这类案例中不可避免的错误相比，其错误可能性并不大。其实我对于本能具有退行特性的主张也是奠基于观察的材料之上，亦即根据强迫重复的事实。不过，我很可能高估了它们的重要性。无论如何，要追寻这种想法都是不可能的，除非能够反复结合事实材料跟纯粹的推想，因此也难免和经验上的观察偏离得很远。我们愈常要在建构理论时这么做，其最终结果，如我们所知，也愈会令人难信。但是，不确定性的程度不是我们能算准的。你很可能幸运地

81　译注：关于魔鬼的代言人以及卖身给魔鬼的问题，著名的文学作品是歌德的《浮士德》，但弗洛伊德本人也为此主题写了一篇分析的作品，请参见本书第一篇《十七世纪魔鬼学神经症（海兹曼病案史）》。

击中红心，也可能难堪地歪到不行。我不认为这种工作中有一大部分是靠着所谓"直觉"来完成的。我所见到的直觉，好像是某种智性上公允的产物。不过，很不幸的是，人在涉及终极的事态时，譬如科学或生活上的大难题，鲜少能维持公允。在这种事态中，我们每个人都会受根深蒂固的内在偏见支配，而我们的推想不知不觉地为偏见谋利。由于我们已有很多理由表示怀疑，我们对于自己的深思熟虑也只能以冷冷的善意来看待。不过，我还急着要再补一句：像这样的自我批判决不是要对任何反对意见待之以特殊的宽容。对于某些理论，即从一开始就悖离分析所观察到的事实者，我们会完全无情地将它拒绝，与此同时，我们也仍能意识到我们自己的理论效度常只是暂时的。

我们对于生与死的本能的推想，因为其中有太多令人困惑以及暧昧难名的过程发生——譬如某一本能会受另一本能驱逐，或某一本能会从自我转往对象，等等——所以我们在对这一推想进行判断时就不必觉得大受干扰了。这只不过是由于我们必须以科学的术语来操作，也就是说，我们要使用心理学上（或更准确地说，在深度心理学上）特有的比喻语言（figurative language）。在此之外，我们无法描述以上所讨论的过程，并且，说真的，我们还根本不会意识到它们。我们的描述中有处处缺陷，如果我们已经选择的立场是要用生理学或化学的术语来取代心理学的话，那些缺陷也可能会消失无踪了。其实我们也只用了一部分比喻语言，但那是我们熟悉已久，且也许是比较简单的一种了。

另一方面，应该说得更清楚的是：我们推想中的不确定性之所以大增，是因为我们必须借用生物科学。生物学确实是带有无限可能性的一大片园地。我们期望它会给我们最惊人的资讯，并且无法预料它在未来几十年内对于我们向它提出的问题会回报以怎样的答案。它们很可能会把我们所有来自假设的人工建构一扫而光。若果如此，有人就会问：为什么我要铤而走险踏上如今这条思路，尤其是为什么我还决定公开发表？是的——我无法否定其中包含的某些类比、相关、联结等，在我看来是值得思索的。[82]

---

[82] 关于我们使用的术语，我要补加几段话来加以澄清，在一路走到目前的工作上，已经历了一些发展。我们碰上"性本能"时，是在它和性别以及生殖功能有关的语境中。我们保留了这个词汇，但我们在精神分析中的发现却必须让它不再和生殖有密切关联。随着自恋力比多假设及力比多概念延伸到个别细胞，性本能已为我们转化为爱洛思，而这是指能够想尽办法把生命实体的各个局部全兜拢在一起的力量。一般所谓的性本能，在我们看来，乃是部分的爱洛思投向对象。我们的推想提示了爱洛思自始即在生命中运作且现身为"生本能"，以与"死本能"相抗衡，而死本能之由来则是来自无机物之生命诞生。这些推想是想要为生命解谜，因而一开始就设定此两本能自始即处在对立的斗争状态。〔1921补注〕不太容易跟得上的，也许是"自我本能"概念所经历的转化之途。在开始使用该名称时，是用来指称能够和对象投注的性本能有所区分的所有本能趋向（对此，我们并没有密切的知识）；而我们把自我本能和性本能对立起来，力比多正是其显现方式。随后，我们透过对自我的分析的密切掌握而得以认出一部分的"自我本能"也带有力比多的特色，并且会把主体的自我作为它的对象。这些自恋的自我保存本能从此就得算入力比多的性本能之中。在自我本能与性本能之间的对立乃转变为自我本能与对象本能的对立，但两者都具有力比多的本色。但就在这里，有个新鲜的对立出现在力比多的（自我的和对象的）本能与其他本能之间，而这就必须假定是在自我当中，且或许是实际上在毁灭本能中被观察到。我们的推想已将此转换为生本能（爱洛思）与死本能之间的对立。

VII

假若对于回复到较早的存在状态之追求真是本能如此普遍的特色，我们就不必太惊讶于心灵生活中会有这么多各自运作的历程独立于享乐原则。此一特色将会是所有本能成分所共享的，并且都以回到发展历程的某一特定阶段为目的。这些事态乃是享乐原则还无法控制的；但那并不意谓其中的任何一个都必然与享乐原则对立，而我们仍得解决本能的重复行为历程以及享乐原则的支配性这两者之间有何关系的问题。

我们早已发现，心灵装置最早也最重要的功能之一乃是将撞击着它的所有本能冲动都收拢约束起来，用次级历程来取代其中普遍存在的初级历程，并将自由流动的投注能量转换为基本上静止的（主音的）投注。当这样的转换正在发生时，我们就注意不到其发展中有苦的一面。相反地，转换乃是以享乐原则的**名义**而发生；约束乃是准备性的动作，以便引发及保证享乐原则会取得支配地位。

让我们来把先前在功能与趋势之间的区分磨得更尖锐一点。这么一来，享乐原则就是有为一种功能服务的趋势，该功能所从事者乃是让心灵装置不受制于激动，或让激动量维持恒定，或甚至尽可能保持低水平。我们还不能作出确切的决定，我们究竟偏向哪一种说法；但显然在如此描述之下的功能就会牵涉到所有生命实体最普遍的努力，也就是说，回复到无机物的静止世界。我们所有人都经验过我们所能达到的极乐，也就是性行为的快乐，是如何与最强烈的兴奋的瞬间消失相关联的。将本能冲动约束至此乃是其原本的功能，在释放的快乐中，最终将兴奋予以消除。

这里出现的问题就是：苦与乐之感是否会以等量产生于有约束及无约束的激动历程？而其中无论怎么看来都无疑的就是：无约束的或初级历程所引发的苦乐之感，在两方向上都比有约束的或次级历程要强烈得多。何况，初级历程在时序上是较早发生；在心灵生活的初期，那儿没有别的，于是我们可以推知：如果享乐原则不是早就在**其中**运作，它在未来就永远不会有容身之地。我们于是就推出实质上不可能是非常简单的结论，也就是说，在心灵生活的开始时期，对于乐的奋力以求必定远比后来更强烈，但也不是毫无羁绊：对于经常出现的打断，它必须顺服。在往后的时期，享乐原则的支配性更加牢固，而它自身并不像其他一般本能那样能逃开驯服的过程。无论何种情况，但凡在激动过程中所导致的苦乐之感，必定会出现在次级历程中，就像其现身于初级历程中一样。

在此可能是好几场崭新探索的起点。我们的意识向我们传达自内而来的情感，不只是苦乐，还有一种特殊的紧张，而当它现身时可以是或此或彼，或苦或乐。这些情感之间的差异会不会让我们能够分辨出有约束和无约束过程的能量？或者那种紧张感，关联于投注的绝对量，或是投注的层次？而苦乐的系列情感指示了**在给定的**

时间单位内投注量的改变？[83] 另一个惊人的事实是：生（命）本能与我们的内在知觉有更多的接触——现身为平静破坏者，且总是产生种种紧张，而其释放就是享乐之感——当此之时，死本能似乎不受注意，继续埋头工作。享乐原则看来实际上是为死本能服务。事实上享乐原则会继续监视外来的刺激，这被两种本能都视为危险；但特别要防卫的是内在刺激的增加，因为那会让生存的工作变得更加困难。接下来，这就会引出一大堆的问题，而我们目前对此还找不到答案。我们必须有耐心，且等待崭新的研究方法和机缘。我们也必须准备好，放弃我们一段时间以来所沿的路径，如果看起来它没有导向好的终点。只有那些要求科学取代他们所放弃的教义问答手册的信徒，才会谴责研究者发展或转变他的观点。我们还可借用诗人的话语，对我们的科学知识这般缓如牛步的进展来点安慰：

不能飞翔而至的，我们跛行过去。

《圣经》有谓：跛行非罪。[84]

83　〔这些问题在《计划方案》一文中已经稍稍提及。〕译注：要之，这是在问能量投注和意识之间的关系。弗洛伊德的回答指出两种可能性：一是苦乐之感本身，二是并随于此的紧张感的可能是另一层次的绝对量——苦乐的特色是兴奋激动，意识的特色则是某种需较长时间且少量的支出。

84　"Was man nicht erfliegen kann, muss man erhinken./ Die Schrift sagt, es ist keine Sünde zu hinken." ——取自Rückert译自阿拉伯文*Maqamat al-Hariri*之中的《两银元》篇最后两句。

译名对照（依出现顺序）

柯湖特（Kohut）

观念，想法（conception）

后设心理学，元心理学（metapsychology）

启发式（heuristics）

力比多（libido）

地形学的（topographical）

类比（analogy）

心灵装置（mental apparatus）

* * *

虑病症的（hypochondriacal）

派耶–涂恩（Payer-Thurn）

魔鬼学的（demonological）

沙考（Charcot）

附身（possession）

迷狂（ecstasy）

梅菲斯特（Mephistopheles）

波腾布鲁恩（Pottenbrunn）

圣蓝伯特的奇里恩修道院（Kilian of St. Lambert）

克里斯多夫·海兹曼（Christoph Heizmann）

邪灵（Evil Spirit）

法兰西斯可（Franciscus）

三联画（triptych）

马利亚采尔圣堂（Mariazell）

《马利亚采尔圣堂的凯旋纪念》（*Trophaeum Mariano-Cellense*）

慈善修士会（Order of the Brothers Hospitallers）

克里索斯多穆修士（Brother Chrysostomus）

莫尔道河畔新镇（Neustadt on the Moldau）

父亲的替身（Father-Substitute）

奥德修斯（Odysseus）

索福克勒斯（Sophocles）

《菲罗克忒忒斯》（*Philoctetes*）

原初父亲（primal father）

模棱两可（ambivalent, ambivalence）

邪魔（Evil Demon）

对立面（antithesis）

虑病症（hypochondria）

抑制（inhibition）

凝缩（condensation）

误置（displacement）

女性态度（feminine attitude）

传移神经症（transference neuroses）

女性气质（femininity）

圣史蒂芬大教堂（St. Stephen's Cathedral）

可怜鬼（poor devil）

一辈子吸奶的人（eternal sucklings）

因病得益（gain from illness）

* * *

初型（prototype）

忧郁，忧郁症（melancholia）

哀悼（mourning）

亚伯拉罕（Abraham）

心因的（psychogenic）

歇斯底里症（hysteria）

痛苦的经济论（economics of pain）

现实考验（reality testing）

对象关系（object-relationship）

对象关系理论（object relations theory）

认同（identification）

固着（fixation）

奥图·峦克（Otto Rank）

卡尔·兰道尔（Karl Landauer）

传移神经症（transference neuroses）

强迫性神经症（obsessional neurosis）

虐待狂式的（sadistic）

虐待狂（sadism）

反投注（anticathexes）

躁狂症（mania）

维克多·陶斯克（Victor Tausk）

事物的呈现（thing-presentation）

字词的呈现（word-presentation）

精神结构的（constitutional）

受压抑者（the repressed）

＊＊＊

自恋症（narcissism）

保罗·内克（Paul Näcke）

霭理士（Havelock Ellis）

性泛转（perversion）

萨德格（Sadger）

神经症患者（neurotics）

自我中心症（egoism）

自我（the ego）

早发性痴呆症（dementia praecox）

克雷佩林（Kraepelin）

布洛伊勒（Bleuler）

妄想分裂症（患者）（paraphrenics）

自大狂（megalomania）

内向（introversion）

初民（primitive peoples）

思想万能（omnipotence of thoughts）

魔术（magic）

对象力比多（object-libido）

对象投注（object-cathexes）

自我力比多（ego-libido）

自我本能（ego-instinct）

驱力（drive）

自体爱欲（auto-erotism）

初级投注（primary cathexis）

心灵能量（psychical or psychic energy）

初级（primary）

次级（secondary）

魏斯曼（Weismann）

荣格（C.G. Jung）

费伦齐（Ferenczi）

史瑞伯个案（Schreber case）

现实功能（function of reality）

现实丧失（loss of reality）

情结（complexes）

自我心理学（psychology of the ego）

爱—对象（love-objects）

威廉·布许（Wilhelm Busch）

动情性（erotogenicity）

"动情"区带（"erotogenic" zones）

非享乐的；苦的（unpleasurable）

退行（regression）

阈限（threshold）

海涅（Heine）

心理发生（psychogenesis）

心理病因（pathogenic）

转换（conversion）

反向形成（reaction-formation）

恐惧症（phobias）

对象选择（object-choice）

自体爱恋式的（auto-erotic）

附属型（anaclitic）

依附型（attachment）

情爱对象（love-object）

阿德勒（Adler）

男性抗议（masculine protest）

压抑心理学（psychology of repression）

理想自我（ideal ego）

自我理想（ego ideal）

升华（sublimation）

理想化（idealization）

心灵审查者（psychic agency）

体现（embodiment）

监视审查者（censoring agency）

内在探究（internal research）

贺伯特·西尔伯惹（Herbert Silberer）

官能现象（functional phenomenon）

再现；呈现（representation）

梦的监视者（dream-censor）

自我关爱（self-regard）

自我的大小（the size of the ego）

无能（impotence）

借口（pretext）

自我谐和（ego-syntonic）

***

享乐原则（pleasure principle）

经济论的（economic）

动力论的（dynamic）

激动量（quantity of excitation）

心理生理学（psycho-physiology）

费希纳（Fechner, G. T.）

布洛以尔（Breuer）

恒定原则（principle of constancy）

自我保存（self-preservation）

自我本能（ego's instincts）

现实原则（reality principle）

知觉上的（perceptual）

创伤神经症（traumatic neurosis）

普费佛（Pfeifer）

本能的弃绝（instinctual renunciation）

建构（construction）

阻抗（resistances）

演现（acted out）

前意识（preconscious）

马尔奇诺夫斯基（Marcinowski）

性探索（sexual researches）

积极的（active）

消极的（passive）

《耶路撒冷的解放》（*Gerusalemme Liberata*）

坦可雷德（Tancred）

可罗琳达（Clorinda）

边界线（borderline）

静止的（quiescent）

活动的（mobile）

康德定理（Kantian theorem）

非时间性的（timeless）

振幅（amplitude）

共量（commensurate）

投射作用（projection）

战争神经症（war neurosis）

焦虑梦（anxiety dreams）

惩罚梦（punishment dreams）

梦作（dream work）

魔力（daemonic force）

胚细胞（germ-cell）

原生生物、原生质（protista , protozoa）

保守的（conservative）

卷入（involution）

超人（supermen）

替代或反动的形成（substitutive or reactive formations）

恐慌神经症（neurotic phobia）

爱洛思（Eros）

必然性（Aváγxη/anánkē）

威廉·弗利斯（Wilhem Fliess）

形态学（morphological）

哥特（Goette）

哈特曼（Hartmann）

伍德鲁夫（Woodruff）

滴虫（ciliate infusoria）

拖鞋状的微生物（slipper-animalcule）

莫帕斯（Maupas）

寇肯斯（Calkins）

娄卜（J. Loeb）

赫林（E. Hering）

两性交合（amphimixis）

活力恢复（rejuvenating）

同化性的（assimilatory）

异化性的（dissimilatory）

叔本华（Schopenhauer）

李普许兹（Lipschütz）

生命意志（will to live）

二元论（dualistic）

一元论（monistic）

前生殖期组织（pregenital organizations）

虐待狂（sadism）

受虐狂（masochism）

萨宾娜·斯皮勒林（Sabina Spielrein）

斯塔克（A. Stärke）

涅槃原则（Nirvana principle）

芭芭拉·娄（Barbara Low）

阿里斯托芬（Aristophanes）

龚佩尔兹教授（Professor Heinrich Gomperz）

自我的分析（analysis of the ego）

齐格勒（Ziegler）

弗洛伊德论抑郁

作者 _ [奥]西格蒙德·弗洛伊德　译者 _ 宋文里

产品经理 _ 段冶　封面设计 _ 董歆昱
产品总监 _ 应凡　技术编辑 _ 顾逸飞

鸣谢:

姜楚雨　陈哲泓

果麦
www.guomai.cc

以 微 小 的 力 量 推 动 文 明

图书在版编目（CIP）数据

弗洛伊德论抑郁 / （奥）西格蒙德·弗洛伊德著 ；
宋文里译. -- 杭州 ： 浙江文艺出版社，2022.8（2023.4重印）
ISBN 978-7-5339-6907-3

Ⅰ. ①弗… Ⅱ. ①西… ②宋… Ⅲ. ①弗洛伊德（
Freud, Sigmund 1856-1939）—精神分析 Ⅳ. ①B84-065

中国版本图书馆CIP数据核字（2022）第112057号

弗洛伊德论抑郁

[奥]西格蒙德·弗洛伊德 著

宋文里 译

责任编辑　余文军
产品经理　段　冶
装帧设计　董歆昱

出版发行　浙江文艺出版社
地　　址　杭州市体育场路347号　　邮编　310006
经　　销　浙江省新华书店集团有限公司
　　　　　果麦文化传媒股份有限公司
印　　刷　河北鹏润印刷有限公司
开　　本　890毫米×1280毫米　　1/32
字　　数　132千字
印　　张　6.5
印　　数　7,001—12,000
版　　次　2022年8月第1版
印　　次　2023年4月第2次印刷
书　　号　ISBN 978-7-5339-6907-3
定　　价　49.80元